Sílvio de Souza Lima e Sergio Hampshire C. Santos

Análise Dinâmica das Estruturas

Análise Dinâmica das Estruturas
Copyright© Editora Ciência Moderna Ltda., 2007

Todos os direitos para a língua portuguesa reservados pela EDITORA CIÊNCIA MODERNA LTDA.

De acordo com a Lei 9.610, de 19/2/1998, nenhuma parte deste livro poderá ser reproduzida, transmitida e gravada, por qualquer meio eletrônico, mecânico, por fotocópia e outros, sem a prévia autorização, por escrito, da Editora.

Editor: Paulo André P. Marques
Capa: Raul Rangel
Diagramação: Abreu's System
Revisão: Camila Cabete Machado

Várias **Marcas Registradas** aparecem no decorrer deste livro. Mais do que simplesmente listar esses nomes e informar quem possui seus direitos de exploração, ou ainda imprimir os logotipos das mesmas, o editor declara estar utilizando tais nomes apenas para fins editoriais, em benefício exclusivo do dono da Marca Registrada, sem intenção de infringir as regras de sua utilização. Qualquer semelhança em nomes próprios e acontecimentos será mera coincidência.

FICHA CATALOGRÁFICA

LIMA, Silvio S. e SANTOS, Sergio Hampshire C.

Análise Dinâmica das Estruturas

Rio de Janeiro: Editora Ciência Moderna Ltda., 2007.

1. Engenharia estrutural, análise estrutural. 2.Pontes.
I — Título

ISBN: 978 - 85-7393-584-4   CDD 624.1
                                   624.3

Editora Ciência Moderna Ltda.
R. Alice Figueiredo, 46 – Riachuelo
Rio de Janeiro, RJ – Brasil   CEP: 20.950-150
Tel: (21) 2201-6662/ Fax: (21) 2201-6896
E-MAIL: LCM@LCM.COM.BR
WWW.LCM.COM.BR   08/08

*Este trabalho é dedicado às nossas famílias,
nossas grandes incentivadoras.
Nossas homenagens aos saudosos professores
Dirceu de Alencar Velloso e Carlos Henrique Holck
com os quais aprendemos muito do pouco que sabemos.*

Apresentação da Obra

Os efeitos dinâmicos das cargas em estruturas de obras de engenharia civil, em geral, não costumam, no Brasil, ser abordados na formação do engenheiro civil. A demanda por construções mais esbeltas, muitas das vezes fruto do uso de materiais mais resistentes, e o desenvolvimento de obras industriais de suporte a equipamentos, torna necessário o estudo de efeitos dinâmicos, exigindo do engenheiro civil conhecimentos no assunto. Também a busca por novos mercados de trabalho, em uma economia cada vez mais globalizada, a integração com o MERCOSUL com a necessidade de se projetar em áreas de grande sismicidade, reforçam a necessidade de profissionais e empresas brasileiras terem conhecimentos mais amplos na área. Com o objetivo de contribuir na formação de estudantes de engenharia e como fonte de consulta para profissionais, os autores abordam os fundamentos da dinâmica procurando fazê-lo de forma clara e objetiva. Ênfase especial é colocada na aplicação da Dinâmica das Estruturas à Análise Sísmica no Brasil, assunto com pouquíssimas referências disponíveis, mas que vem despertando um interesse crescente no meio técnico brasileiro, em face da aprovação de nova Norma Brasileira de Projeto de Estruturas Resistentes a Sismos pela ABNT.

No primeiro capítulo estuda-se, com bastante detalhe, sistemas de um grau de liberdade (SGL), base do entendimento no estudo de sistemas mais complexos. No segundo capítulo introduz-se o conceito de espectro de resposta. A ênfase especial que foi colocada neste assunto é em função de sua importância nos problemas de Análise Sísmica. No terceiro capítulo aborda-se, com bastante profundidade, sistemas de múltiplos graus de liberdade com várias aplicações. No quarto capítulo faz a aplicação da Dinâmica à Engenharia Sísmica.

O presente trabalho reúne as experiências profissionais, adquiridas na participação no desenvolvimento de projetos, trabalhos de consultoria e no ensino e desenvolvimento de pesquisa na Escola Politécnica da Universidade Federal do Rio de Janeiro, POLI-UFRJ.

Os autores agradecem a todos que contribuíram direta ou indiretamente com o desenvolvimento deste livro, em especial pelas sugestões e incentivo, ao Professor B. Ernani Diaz, Professor Emérito da POLI-UFRJ.

Os Autores

Apresentação dos Autores

Está sendo editado pela editora Ciência Moderna o novo livro sobre Dinâmica, dos autores Silvio de Souza Lima e Sergio Hampshire C. Santos, ambos professores do Departamento de Mecânica Aplicada e Estruturas da Escola Politécnica da UFRJ. O livro foi escrito por dois pesquisadores que atuaram de forma decisiva em projetos importantes, em que as solicitações de dinâmica tiveram importância capital e que, mais tarde, ingressaram na UFRJ. Os dois professores participaram ativamente na preparação da atual norma brasileira de Projeto de Estruturas Resistentes a Sismos, entrada em vigor recentemente (em novembro de 2006).

Sílvio de Souza Lima teve experiência profissional extensa em análise estática e dinâmica de projetos de estruturas industriais, assim como no dimensionamento de suas estruturas de concreto armado. É um autor com diversas publicações sobre análise matricial computacional, preparadas durante a sua atuação como professor na Escola Politécnica da UFRJ. Além disso, Sílvio de Souza Lima é o coordenador e programador-chefe do sistema SALT da Escola Politécnica da UFRJ, de análise de estruturas com elementos finitos. Sua experiência como professor de disciplinas de Análise de Estruturas é muito vasta.

Sergio Hampshire C. Santos, co-autor, atuou no Projeto da Central Nuclear de Angra 2, quando era engenheiro da Promon Engenharia, onde gerenciou projetos de edifícios Classe I, ou seja, estruturas para os quais a resistência a terremotos precisa ser investigada com um maior rigor. Sua tese de doutorado versou sobre a interação entre estruturas de concreto, fundações e o solo, assunto com que conviveu durante anos na sua vida profissional. Escreveu um texto prático utilizado nas suas aulas sobre dinâmica das fundações na UFRJ. É coordenador da Comissão da ABNT das Normas Brasileiras de Estruturas Resistentes a Sismos.

Este livro de dinâmica foi escrito para os engenheiros que labutam na área de estruturas civis. Além destes, ele é também dirigido aos engenheiros mecânicos e navais, para os quais as solicitações dinâmicas têm importância capital. Para os engenheiros projetistas de estruturas da região do Nordeste oriental e da Amazônia ocidental, regiões brasileiras mais próximas de locais geradores de sismos importantes, o livro terá uma utilidade prática ímpar, pois trata de assuntos relevantes da Engenharia Parasísmica, já que, para as estruturas daquelas regiões, as verificações relativas a sismos são agora necessárias por norma. Os quatro capítulos do livro tratam respectivamente de: fundamentos, espectros de resposta, sistemas de múltiplos graus de liberdade e engenharia parasísmica. O capítulo 4 do livro trata especificamente de estruturas resistentes a sismos, com ênfase no que se relaciona à análise.

O uso de programas de computador para a determinação automática de respostas de estruturas sob solicitações dinâmicas é realmente imprescindível, em vista do elevado número de graus de liberdade das estruturas modernas. Mas é necessário que conhecimentos teóricos sejam de amplo domínio, para que os resultados obtidos de processamentos automáticos possam ser interpretados e avaliados. Utilizar os resultados sem um conhecimento prévio do assunto é algo que não se deve ser empreendido. Por outro lado, nos cursos universitários de graduação este assunto não é tratado de forma corriqueira. Assim, a sua divulgação e o seu estudo se fazem necessários com maior ênfase em publicações especializadas.

Em resumo, o livro foi escrito por dois especialistas no assunto e com larga experiência profissional como projetistas de estruturas. Ele tem, além disso, um enfoque bem prático. A experiência e a capacidade técnica dos dois autores fazem com que esta obra escrita por eles mereça ser lida. A Editora Ciência Moderna teve uma sábia decisão em promover mais uma vez uma obra da literatura técnica brasileira de grande valor.

B. Ernani Diaz
Professor Emérito da UFRJ
Membro da Academia Nacional de Engenharia

Prefácio

A dinâmica, por uma série de razões, esteve usualmente afastada dos projetos civis durante quase todo o século passado.

Além de mais complexa e bem menos estudada pelos engenheiros civis, sua ligação objetiva com as construções civis estava mal estabelecida.

Com o progresso dos estudos e pesquisas dos efeitos sísmicos e do vento sobre as construções é que essa ligação foi se estabelecendo. Hoje em dia, sabe-se que não é possível avaliar esses efeitos sem conhecer a resposta dinâmica dessas construções, pelo menos em vibrações livres.

Na verdade, é sabido também que a interação solo-estrutura tem importância na avaliação dessa resposta.

Deixando de lado as estruturas muito flexíveis, como as pontes suspensas ou as membranas, em que a própria interação fluído-estrutura é importante, a dinâmica tem importância na avaliação do efeito do vento em edifícios altos, na avaliação do efeito dinâmico de ações variáveis importantes como o sismo e na interpretação de monitoração dinâmica, essa última, em crescente evolução nos dias atuais.

É preciso recuperar essa lacuna na formação e preparo dos nossos engenheiros, seja dos mais experientes, seja dos recém-formados.

Assim, além da introdução da dinâmica no curso de graduação, é preciso dispor de um bom livro de dinâmica para os engenheiros hoje em atividade.

Essa necessidade se torna mais premente com a aprovação da Norma de Estruturas Resistentes a Sismos e exige um texto conciso e direto que ela possa ser corretamente aplicada.

É aqui que entra o presente livro em questão.

Escrito em linguagem de engenharia, direta e concisa, vai facilitar os estudantes e, sobretudo os engenheiros, na tarefa de superar aquela lacuna e aplicar adequadamente a Norma.

A apresentação dos conceitos, entremeada de exemplos simples e objetivos, é feita em seqüência de complexidade crescente, que facilitará muito o aprendizado. A simplicidade resolutiva dos problemas é sempre mantida, saltando aos olhos o caminho a seguir. O conteúdo do livro cobre desde as bases da dinâmica até a solução de problemas práticos de projeto em zona sísmica.

No primeiro capítulo estuda-se, com bastante detalhe, sistemas de um grau de liberdade (SGL), base do entendimento no estudo de sistemas mais complexos. No segundo capítulo introduz-se o conceito de espectro de resposta. A ênfase especial que foi colocada neste assunto é em função de sua importância nos problemas de Análise Sísmica. No terceiro capítulo aborda-se, com bastante profundidade, sistemas de múltiplos graus de liberdade com várias aplicações. No quarto capítulo faz a aplicação da Dinâmica à Engenharia Sísmica.

Finalmente, convém salientar, a boa resposta das edificações ao sismo depende também do detalhamento, seja no caso de estruturas de concreto, metálicas ou mistas. Assim é preciso mais cuidado no detalhamento e na execução das estruturas, evitando vícios como a falta de estribos no pilar ao longo de seu cruzamento com as vigas, pilares esbeltos demais etc.

Mais que isso, em zonas sísmicas, as estruturas em geral, incluindo as nossas, devem ter a ruína definida pelas vigas, não pelos pilares.

A ruína dútil das vigas dá às edificações uma resposta muito melhor ao sismo, evitando ruínas frágeis e bruscas e salvando vidas.

Antes de termos nas Normas de Estruturas de Concreto um capítulo particular sobre o detalhamento de estruturas em zona sísmica, podemos consultar o Capítulo 21 do ACI-318 – Building Code Requirements for Structural Concrete and Commentary.

Bom trabalho!

Fernando Rebouças Stucchi
Professor Titular – Escola Politécnica da Universidade de São Paulo

Sumário

1 FUNDAMENTOS 1
   1.1. Introdução 1
   1.2. Sistema de um Grau de Liberdade (SGL) 4
      1.2.1. Equação do Movimento 4
      1.2.2. Vibração Livre 5
         1.2.2.1. Vibração Livre Não Amortecida 5
         1.2.2.2. Vibração Livre Amortecida 10
      1.2.3. Vibração Forçada 15
         1.2.3.1. Excitação Harmônica 15
            1.2.3.1.1. Força Transmitida para a Base 23
            1.2.3.1.2. Resposta para Movimentação da Base 25
         1.2.3.2. Excitação com Variação Arbitrária no Tempo 28
   1.3. Amortecimento 36
   1.4. Exercícios Propostos 40

2 ESPECTROS DE RESPOSTA 43
   2.1. Introdução 43
   2.2. Espectros de Resposta para Forças 44
   2.3. Espectros de Resposta para Aceleração da Base 45
   2.4. Exercícios Propostos 53

3 SISTEMAS DE MÚLTIPLOS GRAUS DE LIBERDADE 55
   3.1. Introdução 55
   3.2. Equações de Equilíbrio Dinâmico 55

3.3. Sistema Não Amortecido 57
    3.3.1. Vibração Livre 58
        3.3.1.1. Freqüência e Modo de Vibração Natural 58
        3.3.1.2. Ortogonalidade dos Modos de Vibração 63
        3.3.1.3. Resposta em Vibração Livre – Análise Modal 65
    3.3.2. Vibração Forçada – Análise Modal 69
        3.3.2.1. Fatores de Participação Modal 74
    3.3.3. Movimentação da Base – Análise Modal 81
    3.3.4. Análise por Espectro de Resposta 85
        3.3.4.1. Critérios para Combinação das Contribuições
        Modais Máximas 87
3.4. Sistema Amortecido 90
    3.4.1. Vibração Livre – Análise Modal 91
    3.4.2. Vibração Forçada – Análise Modal 93
    3.4.3. Análise por Espectro de Resposta 96
    3.4.4. Matriz de Amortecimento 97
3.5. Estruturas Modeladas como Sistemas de Múltiplos Graus
    de Liberdade 103
3.6. Condensação de Graus de Liberdade 117
3.7. Análise Automática 118
3.8. Exercícios Propostos 123

4 APLICAÇÕES DA DINÂMICA À ENGENHARIA SÍSMICA 125
4.1 Introdução 125
4.2. Características dos Sismos 125
4.3. Definição das Forças Sísmicas de Projeto 130
    4.3.1. Zoneamento Sísmico Brasileiro 131
    4.3.2. Definição da Classe do Terreno 132
    4.3.3. Definição das Categorias de Utilização 134
    4.3.4. Definição das Categorias Sísmicas 136
    4.3.5. Definição dos Espectros de Resposta de Projeto 136
4.4. Métodos de Análise Sísmica 138
    4.4.1. Análise para a Categoria Sísmica A 138

4.4.2. Método das Forças Horizontais Equivalentes 138
    4.4.2.1. Força Horizontal Total na Base 138
    4.4.2.2. Determinação do Período 140
    4.4.2.3. Distribuição Vertical das Forças Sísmicas ... 141
    4.4.2.4. Sistemas Básicos Sismos-Resistentes 142
        4.4.2.4.1. Sistemas Duais 143
        4.4.2.4.2. Combinação de Sistemas Resistentes 143
4.4.3. Métodos Dinâmicos 144
    4.4.3.1. Análise por Espectro de Resposta 144
        4.4.3.1.1. Combinação das Respostas Modais 144
        4.4.3.1.2. Verificação das Forças Obtidas .. 145
    4.4.3.2. Análise com Históricos de Acelerações 145
        4.4.3.2.1. Requisitos para os Acelerogramas 146
        4.4.3.2.2. Definição dos Efeitos Finais da Análise 146
4.5. Requisitos para o Projeto de Prédios 147
    4.5.1. Configuração Estrutural 147
        4.5.1.1. Deformabilidade dos Diafragmas 148
        4.5.1.2. Irregularidades no Plano 148
        4.5.1.3. Irregularidades na Vertical 149
    4.5.2. Critérios para a Modelagem Estrutural 149
        4.5.2.1. Modelagem da Fundação 150
        4.5.2.2. Direção das Forças Sísmicas 151
        4.5.2.3. Consideração da Torção 151
    4.5.3. Requisitos para os Diafragmas 152
    4.5.4. Verificação ao Tombamento 153
    4.5.5. Efeitos de Segunda Ordem 153
    4.5.6. Limitação dos Deslocamentos 155
        4.5.6.1. Determinação dos Deslocamentos 155
        4.5.6.2. Limitações para Deslocamentos Relativos .. 156
    4.5.7. Fixação de Paredes e Subestruturas 157
        4.5.7.1. Fixação de Paredes 157
        4.5.7.2. Fixação de Subestruturas 157

4.5.8. Elementos Suportando Pórticos e Paredes
         Descontínuos 158
  4.5.9. Efeitos do Sismo Vertical e do Sismo Horizontal
         com Sobre-Resistência 158
  4.5.10. Requisitos Específicos de Detalhamento 159
SIMBOLOGIA 167
BIBLIOGRAFIA 169

1

Fundamentos

1.1. Introdução

A dinâmica das estruturas tem por objetivo a determinação de deslocamentos, velocidades e acelerações todos os elementos constituintes de uma estrutura submetida a cargas dinâmicas.

Uma estrutura ao vibrar, ou apresentar movimento vibratório, desloca-se ou movimenta-se em torno de sua deformada estática. Se o seu comportamento é linear, a análise pode ser feita separadamente para as componentes estática e dinâmica da carga e seus efeitos somados.

Carga dinâmica é aquela que apresenta variação no tempo, seja em sua magnitude, direção ou posição. Esta variação introduz na estrutura acelerações e velocidades, além de deslocamentos, gerando como conseqüência forças de inércia e de amortecimento. A grande maioria das cargas possíveis de serem consideradas em estruturas de obras civis tem natureza dinâmica. Para efeitos práticos, aquelas que apresentam pequena variação no tempo, conseqüentemente gerando pequenas forças de inércia e amortecimento, por simplificação são tratadas como estáticas, ou quase-estáticas, sendo as forças de inércia e de amortecimento desprezadas. Em estruturas que, por exemplo, suportem equipamentos como turbinas, geradores e compressores, dentre outros, a natureza dinâmica da carga deve ser considerada. Terremotos, vento, explosão e movimentação de veículos em uma ponte são outros exemplos de situações em que a natureza dinâmica da carga não pode ser desprezada.

Considerando a forma da variação no tempo, uma carga pode ser classificada como harmônica, periódica, transiente ou impulsiva. A carga é dita harmônica quando sua variação no tempo pode ser representada pela função seno (ou co-seno). Este tipo de carga é característico de máquinas rotativas que apresentem massa desequilibrada, como turbinas, geradores e bombas centrífugas. Carga periódica é aquela que apresenta repetições a um intervalo regular de tempo, chamado de período. Uma carga que represente as forças geradas por uma máquina rotativa em operação é também essencialmente periódica. Carga transiente é a que apresenta variação arbitrária no tempo, sem periodicidade. Vento e terremoto são exemplos deste tipo de carga. Carga impulsiva é também uma carga transiente, com a característica de ter uma duração muito curta. Na Figura 1.1, onde t representa a variável tempo, estão as representações dos tipos de carga apresentados.

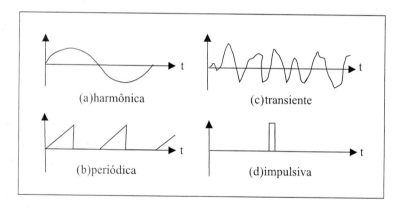

Figura 1.1 – Tipos de carga dinâmica.

Considere-se o sistema mecânico mostrado na Figura 1.2, composto por uma massa m, uma mola k e um amortecedor c. A massa m representa a inércia do sistema, a mola k representa suas propriedades elásticas, o amortecedor c representa o mecanismo de dissipação de energia e F(t) é a força aplicada.

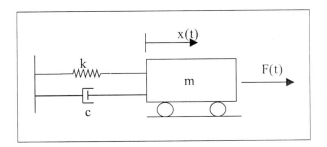

Figura 1.2 – Sistema massa, mola e amortecedor.

A massa m pode ter deslocamentos na direção da coordenada x, a qual define completamente a posição da massa em qualquer instante de tempo t. Portanto, é necessária apenas uma coordenada para definir a posição de m. Diz-se então tratar-se de um sistema com um grau de liberdade, ao qual de agora em diante chamaremos de SGL. Generalizando, define-se como número de graus de liberdade ao número de coordenadas independentes necessárias para se definir de forma inequívoca as posições de todas as massas do sistema, em qualquer instante t. Uma estrutura com distribuição contínua de massa possui um número infinito de graus de liberdade. Entretanto, com a conveniente seleção dos graus de liberdade relevantes para o problema, em um processo de idealização estrutural, aquele número pode ser reduzido a um número finito e discreto, obtendo-se desta forma um modelo chamado de *modelo de massas discretas*. Em certas situações pode-se chegar a um modelo adequado com um único grau de liberdade.

A mola k é caracterizada pela sua relação força-deslocamento, podendo ser linear ou não linear, conforme mostrado na Figura 1.3. Para pequenas deformações o comportamento linear apresenta bons resultados, mas no caso de grandes deformações a hipótese não linear deve ser adotada. O amortecedor c é suposto do tipo viscoso, sendo a força de amortecimento proporcional à velocidade, podendo ser de comportamento linear ou não linear.

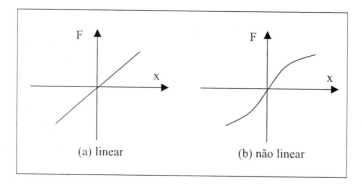

Figura 1.3 – Relação força-deslocamento.

1.2. Sistema de um Grau de Liberdade (SGL)

O entendimento do comportamento do SGL é fundamental no estudo da dinâmica das estruturas. Neste item é deduzida e resolvida a equação do movimento do SGL e analisado seu comportamento quando em vibração livre e forçada.

1.2.1. Equação do Movimento

O Princípio de d'Alembert estabelece que o equilíbrio dinâmico de um sistema pode ser obtido adicionando-se às forças externas aplicadas uma força fictícia, chamada de *força de inércia*, proporcional à aceleração e com sentido contrário ao do movimento, sendo a constante de proporcionalidade igual à massa do sistema.

Considerando o diagrama de corpo livre (DCL) mostrado na Figura 1.4 e escrevendo a equação de equilíbrio na direção x, obtém-se a equação diferencial do movimento dada por:

$$m\ddot{x}(t) + c\dot{x}(t) + kx(t) = F(t) \qquad \text{(Equação 1.1)}$$

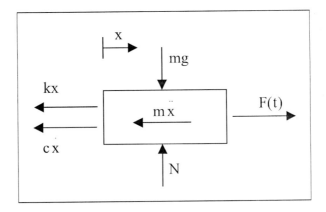

Figura 1.4 – Diagrama de corpo livre.

Outra forma de obtenção da equação diferencial do movimento é com o uso do Princípio do Deslocamento Virtual, o qual estabelece ser nulo o trabalho total quando a um sistema em equilíbrio é imposto um deslocamento qualquer, desde que respeitados os vínculos do sistema. Novamente considerando o DCL mostrado na Figura 1.4 e supondo um deslocamento δ na direção positiva de x, tem-se:

$$\left[-m\ddot{x}(t) - c\dot{x}(t) - kx(t) + F(t)\right]\delta = 0 \qquad \text{(Equação 1.2)}$$

Com a eliminação de d obtém-se novamente a Equação 1.1, a qual é uma equação diferencial linear de segunda ordem. Considerando serem a mola e o amortecedor de comportamento físico-linear, portanto k e c constantes, tem-se o SGL linear e a equação do movimento passa a ter coeficientes constantes.

1.2.2. Vibração Livre

1.2.2.1. Vibração Livre Não Amortecida

Quando um sistema vibra devido unicamente à imposição de condições iniciais, isto é deslocamento e/ou velocidade no instante inicial t=0, sem a ação de nenhuma excitação dinâmica externa, o movimento é chamado de *vibração livre*. Anulando-se a força na Equação 1.1 obtém-se a equação diferencial do movimento para o sistema em vibração livre:

$$m\ddot{x}(t) + c\dot{x}(t) + kx(t) = 0 \qquad \text{(Equação 1.3)}$$

Desconsiderando-se o amortecimento, obtém-se a equação diferencial do movimento para um sistema conservativo, chamado de vibração livre não amortecida e a equação diferencial simplifica-se para:

$$m\ddot{x}(t) + kx(t) = 0 \qquad \text{(Equação 1.4)}$$

A solução da Equação 1.4 para as condições iniciais $x(0) = x_0$ e $\dot{x}(0) = \dot{x}_0$ é dada por:

$$x(t) = x_0 \cos(\omega_n t) + \frac{\dot{x}_0}{\omega_n} \sin(\omega_n t) \qquad \text{(Equação 1.5)}$$

sendo:

$$\omega_n = \sqrt{\frac{k}{m}} \qquad \text{(Equação 1.6)}$$

ω_n é uma propriedade dinâmica do sistema chamada de *freqüência circular* expressa em radianos por segundo. Verifica-se pela Equação 1.5 que o movimento uma vez iniciado permanecerá indefinidamente e, como a equação é composta pelas funções seno e co-seno com a mesma freqüência, este movimento é harmônico. Na Figura 1.5 é mostrada a representação do movimento. Nota-se que o mesmo se repete a intervalos regulares, expresso em segundos, intervalo este chamado de *período natural* dado por:

$$T_n = \frac{2\pi}{\omega_n} \qquad \text{(Equação 1.7)}$$

O inverso do período natural fornece *a freqüência natural*, expressa em hertz (Hz) ou ciclos por segundos dada por:

$$f_n = \frac{1}{T_n} = \frac{\omega_n}{2\pi} \qquad \text{(Equação 1.8)}$$

A *amplitude* do movimento corresponde ao valor do deslocamento nos instantes em que a velocidade se anula, e corresponde a valores de máximo ou mínimo para o deslocamento. Verifica-se, pela Figura 1.5, que no caso da vibração não amortecida a amplitude é constante.

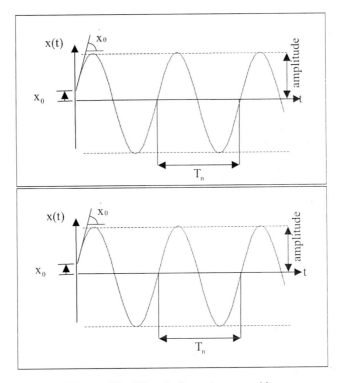

Figura 1.5 – Vibração livre não amortecida.

Exemplo 1.1: Calcular a freqüência natural da viga simplesmente apoiada de vão $l = 6,0$ m, mostrada na Figura E1.1, supondo em sua seção central um equipamento com massa de $m = 760$ kg e que seu peso próprio seja desprezível para este problema. A viga é composta por um perfil de aço, de módulo de elasticidade E=205GPa, com momento de inércia I=12258cm^4.

Solução:

O deslocamento da seção média da viga devido a ação de uma força P nela aplicada é dada por: $\delta = \dfrac{Pl^3}{48EI}$.

A constante de mola equivalente é dada por:

$$k = \frac{P}{\delta} = \frac{48EI}{l^3} = 5,584 \cdot 10^6 (N/m)$$

Obtendo-se para as freqüências circular e natural respectivamente:

$$\omega_n = \sqrt{\frac{k}{m}} = \sqrt{\frac{5,584 \cdot 10^6}{760}} = 85,7 \text{ rad/s} \;;\; f_n = \frac{\omega_n}{2\pi} = 13,64 \text{ Hz}$$

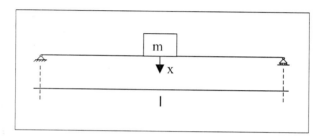

Figura E1.1

Exemplo 1.2: Calcular a freqüência natural da mesma viga do Exemplo 1.1, supondo que o equipamento de massa m tenha sido montado sobre uma base com de constante elástica $k_b = 10^6$ N/m.

Solução:

Neste caso, a constante de mola do sistema é obtida invertendo-se a soma do inverso da constante de mola equivalente da viga, calculada no exemplo anterior, com o inverso da constante de mola k_b da base, que formam um conjunto de duas molas em série. Assim tem-se:

$$\frac{1}{k} = \frac{l^3}{48EI} + \frac{1}{k_b} = \frac{1}{8,481 \cdot 10^5} (m/N)$$

Para a freqüências circular e natural tem-se:

$$\omega_n = \sqrt{\frac{k}{m}} = \sqrt{\frac{8,481 \cdot 10^5}{760}} = 33,4 \text{ rad/s} \;;\; f_n = \frac{\omega_n}{2\pi} = 5,32 \text{ Hz}$$

Exemplo 1.3: Seja o pórtico plano mostrado na Figura E1.2, onde supõe-se que a viga tem propriedades de rigidez axial e de flexão infinitas, as colunas não têm deformação axial e a massa é considerada concentrada ao nível da viga. Nestas condições o único deslocamento possível é na direção x. Sendo as colunas de concreto, com módulo de elasticidade E=30 GPa e seção transversal com momento de inércia I=19175cm^4, pede-se calcular a freqüência natural. Considerar a massa total m = 36000 kg concentrada no topo do andar, o vão l igual a 6,0m e a altura do andar h igual a 3,0 m.

Solução:

Ao se impor um deslocamento ao topo do andar, as duas colunas terão deslocamentos iguais. Assim sendo a constante de mola do sistema é igual a soma das constantes de mola das duas colunas, formando um sistema de molas em paralelo. Como a viga é suposta infinitamente rígida, as colunas são consideradas bi-engastadas, sendo a constante de mola de cada uma dada por:

$$k_c = \frac{12EI}{h^3} = 2,557 \cdot 10^6 (N/m)$$

Logo, a constante de mola do sistema é dada por:

$$k = 2 \cdot 2,557 \cdot 10^6 = 5,113 \cdot 10^6 (N/m)$$

Para a freqüência natural tem-se:

$$f_n = \frac{1}{2\pi}\sqrt{\frac{5,113 \cdot 10^6}{36000}} = 1,897 Hz$$

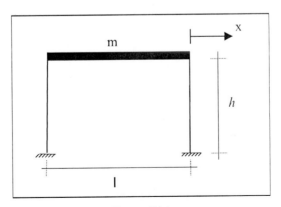

Figura E1.2

1.2.2.2. Vibração Livre Amortecida

Considerando-se a presença do amortecimento o sistema passa ser não conservativo, pois acontece perda de energia, e o movimento é chamado de vibração livre amortecida, sendo regido pela Equação 1.3, cuja solução geral tem a forma:

$$x(t) = Se^{pt}$$ (Equação 1.9)

Nesta equação, S representa uma constante. Substituindo-se a Equação 1.9, e suas derivadas primeira e segnda na Equação 1.3, obtém-se:

$$(mp^2 + cp + k)Se^{pt} = 0$$ (Equação 1.10)

Para que a Equação 1.10 se verifique, sendo diferente de zero, tem que se ter:

$$mp^2 + cp + k = 0$$ (Equação 1.11)

Esta é a chamada equação característica do sistema, cujas raízes são dadas por:

$$p = -\frac{c}{2m} \pm \sqrt{\left(\frac{c}{2m}\right)^2 - \frac{k}{m}}$$ (Equação 1.12)

E a solução da equação do movimento é escrita como:

$$x(t) = S_1 e^{p_1 t} + S_2 e^{p_2 t}$$ (Equação 1.13)

Nesta equação, S_1 e S_2 são constantes determinadas em função das condições iniciais do movimento.

O valor do coeficiente de amortecimento para o qual a expressão sob o radical na Equação 1.12 se anula, é chamado de *coeficiente de amortecimento crítico*, sendo função das propriedades de inércia e massa do sistema mecânico. Este amortecimento é igual a:

$$c_{cr} = 2\sqrt{km}$$ (Equação 1.14)

Sendo o amortecimento do sistema igual ao amortecimento crítico, a Equação 1.12 apresenta duas raízes reais e iguais, obtidas substituindo-se na Equação 1.12 por , resultando em:

$$p_1 = p_2 = -\frac{c_{cr}}{2m} \qquad \text{(Equação 1.15)}$$

Substituindo-se os valores das raízes p_1 e p_2 na Equação 1.13, obtém-se a equação do movimento, que é neste caso chamado de *criticamente amortecido*, dada por:

$$x(t) = S_1 e^{-\frac{c_{cr}}{2m}t} \qquad \text{(Equação 1.16)}$$

Verifica-se a existência de outra solução independente para a Equação 1.13, com a forma:

$$x(t) = S_2 t e^{pt} \qquad \text{(Equação 1.17)}$$

Logo, a solução geral para o movimento criticamente amortecido é obtida somando-se as Equações 1.16 e 1.17, o que fornece:

$$x(t) = (S_1 + S_2 t) e^{pt} \qquad \text{(Equação 1.18)}$$

Sendo o amortecimento maior que o amortecimento crítico, o termo sob o radical na Equação 1.12 torna-se positivo e as raízes p_1 e p_2 ficam reais e diferentes. A equação do movimento é dada diretamente pela Equação 1.13 e o movimento é dito *superamortecido*. Verifica-se que os movimentos definidos pelas Equações 1.13 e 1.18, respectivamente movimentos superamortecido e criticamente amortecido, não são vibratórios conforme mostrado na Figura 1.6.

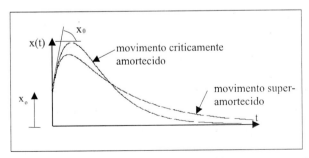

Figura 1.6 – Movimentos criticamente amortecido e superamortecido.

Se o amortecimento for menor do que o amortecimento crítico, o movimento é chamado de *sub-amortecido*, e o termo sob o radical na Equação 1.12 torna-se negativo, sendo as raízes da equação característica imaginárias. Portanto, sendo i a unidade imaginária, $i = \sqrt{-1}$, as raízes da Equação 1.12 são escritas como:

$$p = -\frac{c}{2m} \pm i\sqrt{\frac{k}{m} - \left(\frac{c}{2m}\right)^2} \qquad \text{(Equação 1.19)}$$

Substituindo as raízes dada pela Equação 1.19 na Equação 1.13 e fazendo uso das equações de Euler dadas por:

$$e^{i\theta} = \cos\theta + i \cdot \sin\theta \qquad \text{(Equação 1.20a)}$$

$$e^{-i\theta} = \cos\theta - i \cdot \sin\theta \qquad \text{(Equação 1.20b)}$$

Obtém-se para a equação do movimento:

$$x(t) = e^{-\frac{c}{2 \cdot m}t}[C_1 \cdot \cos(\omega_D t) + C_2 \cdot \sin(\omega_D t)] \qquad \text{(Equação 1.21)}$$

Onde C_1 e C_2 representam constantes a serem determinadas em função das condições iniciais e ω_D é a *freqüência circular amortecida* dada por:

$$\omega_D = \sqrt{\frac{k}{m} - \left(\frac{c}{2 \cdot m}\right)^2} \qquad \text{(Equação 1.22)}$$

Trabalhar diretamente com o coeficiente de amortecimento nem sempre é conveniente e viável. É preferível o uso de um fator adimensional relacionando o amortecimento do sistema com o coeficiente de amortecimento crítico c_{cr} já definido. Tal fator é chamado de *fator de amortecimento* ou *amortecimento relativo*, sendo dado por:

$$\xi = \frac{c}{c_{cr}} \qquad \text{(Equação 1.23)}$$

As Equações 1.21 e 1.22 podem ser reescritas, em função do fator de amortecimento ξ como:

$$x(t) = e^{-\xi\omega_n t}\left[C_1 \cdot \cos(\omega_D t) + C_2 \cdot \sin(\omega_D t)\right] \qquad \text{(Equação 1.24)}$$

$$\omega_D = \omega_n\sqrt{1-\xi^2} \qquad \text{(Equação 1.25)}$$

Finalmente impondo-se as condições iniciais $x(0) = x_0$ e $\dot{x}(0) = \dot{x}_0$, pode-se mostrar que a solução é expressa por:

$$x(t) = e^{-\xi\omega_n t}\left[x_0 \cos(\omega_D t) + \frac{\dot{x}_0 + \xi\omega_n x_0}{\omega_D}\sin(\omega_D t)\right] \qquad \text{(Equação 1.26)}$$

Na Figura 1.7 é representado o movimento sub-amortecido descrito pela Equação 1.26. O termo exponencial, na referida equação, é o responsável pela diminuição das *amplitudes*, ou valores máximos dos deslocamentos, enquanto que os termos em seno e co-seno são os responsáveis pela alternância, dando o caráter vibratório ao movimento. Os máximos, ou mínimos, se repetem a intervalos de tempo constantes, intervalo este chamado de *período amortecido* dado por:

$$T_D = \frac{2\pi}{\omega_D} \qquad \text{(Equação 1.27)}$$

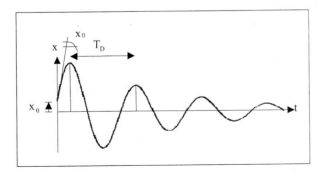

Figura 1.7 – Movimento sub-amortecido.

A amplitude dos deslocamentos no caso do movimento sub-amortecido, contrariamente ao que acontece no movimento não amortecido, não é constante, conforme pode ser verificado nas Figuras 1.7 e 1.8. A cada ciclo a amplitude diminui segundo a função $De^{-\xi\omega_n t}$, chamada de curva de decaimento, a qual tangencia a curva do movimento, conforme mostrado na Figura 1.8, sendo:

$$D = \sqrt{x_0^2 + \left(\frac{\dot{x}_0 + \xi\omega_n x_0}{\omega_D}\right)^2}$$
(Equação 1.28)

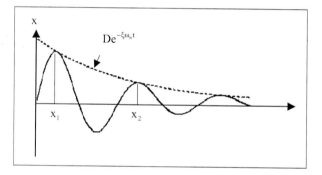

Figura 1.8 – Curva de decaimento.

Define-se como *decaimento logarítmico* o logaritmo natural do quociente entre duas amplitudes consecutivas, separadas de um período T_D, de uma vibração amortecida, dado por:

$$\delta = \ln\frac{x_1}{x_2} = \frac{2\pi\xi}{\sqrt{1-\xi^2}}$$
(Equação 1.29)

O uso do decaimento logarítmico é um meio eficiente para a determinação experimental do amortecimento presente em sistemas mecânicos. Em sistemas com pequeno amortecimento, como é o caso das estruturas correntes, o decaimento logarítmico pode ser aproximado por:

$$\delta \cong 2\pi\xi$$
(Equação 1.30)

1.2.3. Vibração Forçada

Se a vibração do sistema decorre de uma excitação dinâmica externa, como força, deslocamento ou aceleração impostos, com o fornecimento contínuo de energia, o movimento é chamado de *vibração forçada*. Serão estudados dois tipos de excitação, as que apresentam variação harmônica no tempo, com função de variação em seno ou co-seno, e as com variação arbitrária no tempo.

1.2.3.1. Excitação Harmônica

Considerando novamente a equação diferencial do movimento, Equação 1.1, desprezando-se o amortecimento e considerando ser a força F(t) harmônica representada pela função seno, tem-se:

$$m \ddot{x}(t) + k x(t) = F_0 \sin(\omega t) \qquad \text{(Equação 1.31)}$$

Nesta equação, F_0 representa o valor máximo da força e ω é a freqüência circular da excitação em radianos por segundo. Optou-se por representar a força pela função seno, entretanto a função co-seno também pode ser utilizada. A solução da Equação 1.31 pode ser escrita com a forma:

$$x(t) = x_c(t) + x_p(t) \qquad \text{(Equação 1.32)}$$

Nesta equação $x_c(t)$ é uma solução que atende à equação homogênea, chamada de *solução complementar*, e que portanto corresponde à solução do problema de vibração livre sem amortecimento apresentado no item 1.2.2, reescrita como:

$$x_c(t) = A \cos(\omega_n t) + B \sin(\omega_n t) \qquad \text{(Equação 1.33)}$$

A e B são constantes a serem determinadas em função das condições iniciais. Pode-se escrever a *solução particular* $x_p(t)$ sob a forma:

$$x_p(t) = X \sin(\omega t) \qquad \text{(Equação 1.34)}$$

Onde X representa o valor máximo da solução. Substituindo a Equação 1.34 na Equação 1.31, tem-se:

$$X = \frac{F_0}{k(1-r^2)}$$ (Equação 1.35)

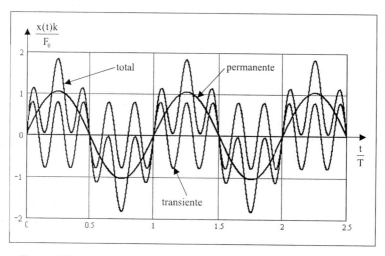

Figura 1.9 – Comparação entre as respostas total, transiente e permanente para o movimento não amortecido.

Nesta equação, r é a relação entre a freqüência circular excitadora ω e a freqüência circular natural ω_n. Substituindo a Equação 1.35 na Equação 1.34 obtém-se a solução particular que, substituída juntamente com a Equação 1.33 na Equação 1.32 e impostas as condições iniciais $x(0) = x_0$ e $\dot{x}(0) = \dot{x}_0$, fornecem a equação para a vibração não amortecida com força harmônica, dada por:

$$x(t) = x_0 \cos(\omega_n t) + \left(\frac{\dot{x}_0}{\omega_n} - \frac{rF_0}{k(1-r^2)} \right) \sin(\omega_n t) + \frac{F_0}{k(1-r^2)} \sin(\omega t)$$

(Equação 1.36)

Verifica-se que o movimento resultante embora tenha termos em seno e co-seno, não é harmônico pois as freqüências daquelas funções são diferentes. Os dois primeiros termos no lado direito da equação, funções das condições iniciais e da freqüência natural do sistema, constituem a chamada *resposta transiente*. Isto porque, conforme será visto mais adiante, quando da existência do amortecimento elas tendem ao desaparecimento. Já o terceiro termo é chamado de *resposta permanente* e tem freqüência igual à da força excitadora, permanecendo mesmo quando da presença do amortecimento. Na Figura 1.9 encontram-se as representações gráficas para as respostas total, transiente e permanente para condições iniciais x(0)=0,

$\dot{x}(0) = \dfrac{\omega_n F_0}{k}$ e $\omega = 0{,}20\omega_n$.

Considerando-se as forças de amortecimento, tem-se para a equação diferencial do movimento:

$$m\ddot{x}(t) + c\dot{x}(t) + kx(t) = F_0 \sin(\omega t) \qquad \text{(Equação 1.37)}$$

A solução geral é novamente obtida somando-se a solução complementar com a solução particular. A solução complementar é a correspondente ao movimento amortecido em vibração livre, dada pela Equação 1.24. Pode-se adotar para a solução particular a forma:

$$x_p(t) = S_1 \sin(\omega t) + S_2 \cos(\omega t) \qquad \text{(Equação 1.38)}$$

Substituindo a Equação 1.38, juntamente com suas derivadas primeira e segunda, na Equação 1.37, os valores das constantes S_1 e S_2 ficam determinados como:

$$S_1 = \dfrac{(1-r^2)F_0}{k[(1-r^2)^2 + (2\xi r)^2]} \qquad \text{(Equação 1.39)}$$

$$S_2 = -\dfrac{2\xi r F_0}{k[(1-r^2)^2 + (2\xi r)^2]} \qquad \text{(Equação 1.40)}$$

Finalmente, substituindo as Equações 1.39 e 1.40 na Equação 1.38 e esta junto com a Equação 1.24 na Equação 1.32, obtém-se a equação do movimento amortecido sob carga harmônica, dada por:

$$x(t) = e^{-\xi\omega_n t}[A\cos(\omega_D t) + B\sin(\omega_D t)] + \frac{(1-r^2)F_0}{k[(1-r^2)^2 + (2\xi r)^2]}\sin(\omega t) -$$

$$- \frac{2\xi r F_0}{k[(1-r^2)^2 + (2\xi r)^2]}\cos(\omega t) \qquad \text{(Equação 1.41)}$$

As constantes A e B são determinadas a partir das condições iniciais do movimento. Usando-se transformações trigonométricas, a Equação 1.41 pode ser reescrita como:

$$x(t) = e^{-\xi\omega_n t}[A\cos(\omega_D t) + B\sin(\omega_D t)] + \frac{F_0}{k\sqrt{(1-r^2)^2 + (2\xi r)^2}}\sin(\omega t - \phi)$$

(Equação 1.42)

Onde ϕ é chamado de ângulo de fase, dado por:

$$\phi = \arctan\left(\frac{2\xi r}{1-r^2}\right) \qquad \text{(Equação 1.43)}$$

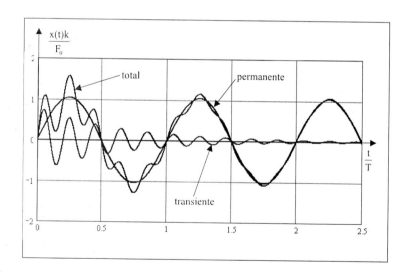

Figura 1.10 – Comparação entre a respostas total, transiente e permanente para o movimento amortecido.

O termo na Equação 1.42 correspondente à resposta transiente é multiplicado pela função $e^{-\xi\omega_n t}$, que o faz desaparecer à medida que o movimento se desenvolve. Já o termo correspondente à resposta permanente não é afetado pelo amortecimento. Na Figura 1.10 encontram-se as representações das componentes transiente e permanente do movimento assim como o movimento total, considerando-se amortecimento $\xi = 0,05$, condições iniciais $x(0) = 0$, $\dot{x}(0) = \dfrac{\omega_n F_0}{k}$ e $\omega = 0,20\omega_n$. Nota-se a diminuição da componente transiente o que leva, após certo tempo, ao movimento total ser regido praticamente pela componente permanente.

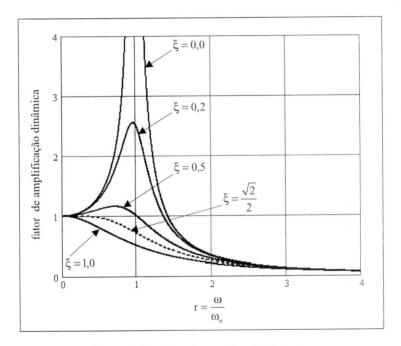

Figura 1.11 – Fator de amplificação dinâmica.

A relação entre a amplitude F_0 da força e a rigidez k do sistema é chamada de *deformação estática*, definida por:

$$x_{est} = \frac{F_0}{k} \qquad \text{(Equação 1.44)}$$

Dividindo a amplitude da componente permanente, conforme a Equação 1.42, pela deformação estática, define-se o *fator de amplificação dinâmica* dado por:

$$A_D = \frac{1}{\sqrt{(1-r^2)^2 + (2\xi r)^2}} \qquad \text{(Equação 1.45)}$$

O produto do fator de amplificação dinâmica pela deformação estática fornece o deslocamento máximo para a resposta permanente do sistema excitado pela carga harmônica. Considerando ser nulo o amortecimento, verifica-se que o fator de amplificação dinâmica passa a ser função apenas de r. Sendo a freqüência excitadora igual à freqüência natural, r torna-se igual à unidade; A_D e conseqüentemente a amplitude do movimento tornam-se infinitos. Nesta circunstância diz-se que o sistema encontra-se em *ressonância*.

A presença do amortecimento, como acontece nas estruturas reais, impede que os deslocamentos aumentem infinitamente, mas estes podem atingir valores que inviabilizem a utilização ou provoquem a ruína da estrutura.

A Figura 1.11 mostra a evolução do fator de amplificação dinâmica com r, para alguns valores de amortecimento. O amortecimento com $\xi = \frac{\sqrt{2}}{2}$ corresponde a um sistema em que não existe amplificação dinâmica, sendo um divisor entre amortecimentos que podem levar a uma amplificação ($\xi < \frac{\sqrt{2}}{2}$) e os que não levam à amplificação nunca.

Observando-se a Figura 1.11 verifica-se que na medida que os valores de r aumentam, os fatores de amplificação dinâmica tendem a zero, tornando-se praticamente independentes do amortecimento. Por outro lado, nas vizinhanças de r=1,0 o fator A_D é extremamente sensível ao amortecimento. Considerando amortecimento $\xi < \frac{\sqrt{2}}{2}$, o valor máximo do fator de amplificação dinâmica acontece para $r = \sqrt{1-2\xi^2}$, que corresponde à freqüência circular excitadora $\omega = \omega_n \sqrt{1-2\xi^2}$, diferente portanto da freqüência circular natural do sistema. Para esta situação tem-se:

$$A_{D_{max}} = \frac{1}{2\xi\sqrt{1-\xi^2}}$$ (Equação 1.46)

Para sistemas fracamente amortecidos, a Equação 1.46 pode ser aproximada por:

$$A_{D_{max}} = \frac{1}{2\xi}$$ (Equação 1.47)

Impondo na Equação 1.41 a condição $r=1$, tem-se a equação do movimento excitado por força harmônica com freqüência igual à freqüência natural do sistema, isto é $\omega = \omega_n$. Adotando como condições iniciais $x(0) = 0$ e $\dot{x}(0) = 0$ obtém-se:

$$x(t) = \frac{F_0}{2k\xi}\left\{e^{-\xi\omega_n t}\left[\cos(\omega_D t) + \frac{\xi}{\sqrt{1-\xi^2}}\sin(\omega_D t)\right] - \cos(\omega_n t)\right\}$$ (Equação 1.48)

Na Figura 1.12 está a representação do movimento definido pela Equação 1.48, considerando $\xi = 5\%$. Verifica-se que as amplitudes do movimento vão aumentando, tendo um valor limite de $\frac{1}{2\xi}\frac{F_0}{k}$.

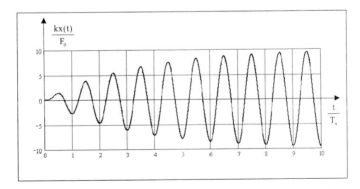

Figura 1.12 – Deslocamentos de sistema amortecido com $\xi = 0,05$ excitado por força harmônica com freqüência $\omega = \omega_n$.

Para considerar o movimento não amortecido excitado por força harmônica com freqüência igual à freqüência natural do sistema, a Equação 1.36 não pode ser utilizada, pois não é válida para r=1,0. Isto porque, neste caso, a Equação 1.34 torna-se indeterminada. Adota-se agora para solução particular a função:

$$x_p(t) = Xt\cos(\omega_n t)$$ (Equação 1.49)

Substituindo a Equação 1.49 e sua derivada segunda na Equação 1.31 obtém-se para a amplitude X:

$$X = -\frac{F_0 \omega_n}{2k}$$ (Equação 1.50)

Substituindo a Equação 1.50 na 1.49, esta juntamente com a Equação 1.33 na 1.31 e introduzindo as condições iniciais $x(0) = 0$ e $\dot{x}(0) = 0$ obtém-se finalmente:

$$x(t) = -\frac{F_0}{2k}[\omega_n t \cos(\omega_n t) - \sin(\omega_n t)]$$ (Equação 1.51)

Na Figura 1.13 está representado o movimento não amortecido em condição de ressonância, com a freqüência da força harmônica excitadora igual à freqüência natural do sistema. Observa-se que as amplitudes do movimento em cada ciclo vão aumentando indefinidamente.

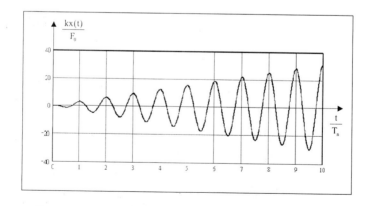

Figura 1.13 – Movimento não amortecido com força harmônica com freqüência $\omega = \omega_n$.

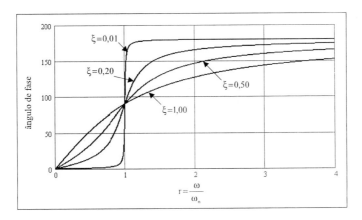

Figura 1.14 – Ângulo de fase.

O ângulo de fase dado pela Equação 1.43 representa a defasagem da resposta em relação à força excitadora, e sua variação com r é mostrada na Figura 1.14.

1.2.3.1.1. Força Transmitida para a Base

Considerando-se a Figura 1.2 verifica-se que a força transmitida à fundação por um SGL é a soma da força na mola com a força no amortecedor. Assim tem-se:

$$f_B(t) = kx(t) + c\dot{x}(t) \qquad \text{(Equação 1.52)}$$

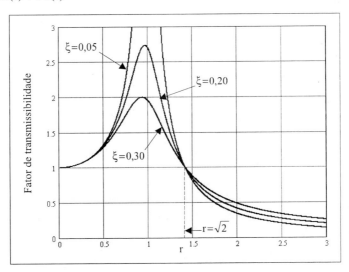

Figura 1.15 – Fator de transmissibilidade.

Nesta equação, f_B representa a força na base. Considerando apenas a resposta permanente retirada da Equação 1.42 e substituindo-a em 1.52, obtém-se:

$$f_B(t) = \frac{F_0}{k} A_D [k \sin(\omega t - \phi) + 2\xi m\omega_n \omega \cos(\omega t - \phi)] \qquad \text{(Equação 1.53)}$$

O valor máximo de $f_B(t)$ é dado por:

$$f_{B_0} = F_0 A_D \sqrt{1 + (2\xi r)^2} \qquad \text{(Equação 1.54)}$$

Dividindo-se f_{B_0} por F_0 tem-se o *fator de transmissibilidade* T_r, que representa a relação entre a amplitude da força transmitida à base e a amplitude da força aplicada, sendo este fator expresso por:

$$T_r = \sqrt{\frac{1 + (2\xi r)^2}{(1 - r^2)^2 + (2\xi r)^2}} \qquad \text{(Equação 1.55)}$$

Na Figura 1.15 é mostrada a variação do fator de transmissibilidade com r para alguns valores do fator de amortecimento. Note-se que a força transmitida só é menor que a força aplicada para $r > \sqrt{2}$.

Exemplo 1.3: Considere a viga do Exemplo 1.1. O equipamento produz uma força dinâmica harmônica no sentido vertical com amplitude $F_0 = 1500$ N e com freqüência circular $\omega = 60$ rad/s. Considerando o amortecimento de $\xi = 10,0\%$ pede-se calcular:

a) a amplitude do movimento;

b) comparação entre os deslocamentos estático e dinâmico na seção média da viga;

c) força total dinâmica transmitida aos apoios.

Solução:

A freqüência circular $\omega_n = 85,7$ rad/s e a rigidez $k = 5,584 \cdot 10^6$ N/m, foram já calculadas no Exemplo 1.1.

$$r = \frac{\omega}{\omega_n} = 0,70$$

Fator de amplificação dinâmica: $A_D = \dfrac{1}{\sqrt{(1-r^2)^2 + (2\xi r)^2}} = 1,890$

a) Amplitude do movimento: $X = A_D \dfrac{F_0}{k} = 5,08 \cdot 10^{-4}\,m$
b) Comparação entre os deslocamentos estático e dinâmico na seção média da viga:

O deslocamento estático é igual a: $\delta_{max} = \dfrac{mg}{k} + A_D \dfrac{F_0}{k} = 1,843 \cdot 10^{-3}\,m$

Normalmente, como neste caso, o deslocamento provocado pelas forças dinâmicas é bem maior do que o provocado pelas forças estáticas.

c) Força total dinâmica transmitida aos apoios:

Fator de transmissibilidade: $T_r = \sqrt{\dfrac{1 + (2\xi r)^2}{(1-r^2)^2 + (2\xi r)^2}} = 1,909$

Força total nos apoios: $f_B = T_r F_0 = 2863,9\,N$

1.2.3.1.2. Resposta para Movimentação da Base

Seja um SGL sujeito ao deslocamento harmônico de sua base, conforme mostrado da Figura 1.16. Fazendo o DCL obtém-se a equação diferencial do movimento, dada por:

$$m\ddot{x}(t) + c[\dot{x}(t) - \dot{x}_B(t)] + k[x(t) - x_B(t)] = 0 \qquad \text{(Equação 1.56)}$$

Definindo-se a variável deslocamento relativo da massa em relação à base como $u(t) = x(t) - x_B(t)$, a Equação 1.56 toma a forma:

$$m\ddot{u}(t) + c\dot{u}(t) + ku(t) = -m\ddot{x}_B(t) \qquad \text{(Equação 1.57)}$$

As soluções da Equação 1.57 são análogas às obtidas para a Equação 1.1, considerando-se como força excitadora, a chamada de força efetiva, $F_{EFET}(t) = m\ddot{x}_B(t)$, e considerando-se que as soluções são obtidas em termos dos deslocamentos relativos $u(t)$.

No caso particular em que o deslocamento da base é definido por uma função harmônica, temos:

$$x_B(t) = x_{B_0} \sin(\omega t) \qquad \text{(Equação 1.58)}$$

Substituindo $x_B(t)$ e suas derivadas na Equação 1.56 obtém-se:

$$x(t) = \frac{x_{B_0}\sqrt{1+(2\xi r)^2}}{\sqrt{(1-r^2)^2+(2\xi r)^2}} \sin(\omega t + \alpha - \phi) \qquad \text{(Equação 1.59)}$$

Onde ϕ é dado pela Equação 1.43 e:

$$\alpha = \arctan(2\xi r) \qquad \text{(Equação 1.60)}$$

Dividindo o valor máximo da resposta por $\dfrac{x_{B_0}}{k}$ tem-se o *fator de transmissibilidade* que relaciona o deslocamento da base com o deslocamento relativo da massa m, dado por:

$$T_r = \sqrt{\frac{1+(2\xi r)^2}{(1-r^2)^2+(2\xi r)^2}} \qquad \text{(Equação 1.61)}$$

Verifica-se que os fatores que relacionam a força aplicada com a força transmitida à base, dados na Equação 1.55, e os que relacionam o deslocamento da base com o deslocamento da massa, dados na Equação 1.61, são iguais. Portanto, o gráfico mostrado na Figura 1.15 é válido também para o de transmissibilidade de deslocamento da base.

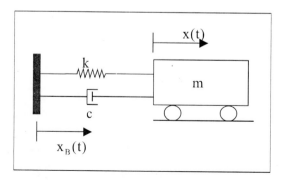

Figura 1.16 – SGL sujeito a deslocamento da base.

Pode-se demonstrar que a relação entre as acelerações da base e da massa também é dada pela Equação 1.61. Sugere-se ao leitor que faça esta demonstração.

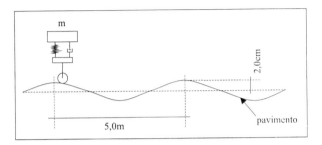

Figura E1.3

Exemplo 1.4: O pavimento de um ponte apresenta irregularidades, por desgaste e falha de construção, que na média podem ser representadas por uma curva senoidal com amplitude de 2,0cm e com picos espaçados de 5,0m, conforme mostrado na Figura E1.3. O maior veículo autorizado a atravessar a ponte é uma carreta de peso total carregado de 300kN, cuja suspensão tem rigidez de $4{,}0 \cdot 10^6 \, N/m$ e amortecimento, suposto viscoso, de 35%. Sendo a velocidade máxima para a rodovia de 60,0km/h, pede-se força máxima na mola. Supor que a rigidez k já considere a deformabilidade dos pneus e que as rodas não percam o contato com o pavimento.

Solução:

Massa do veículo: $m = \dfrac{300 \cdot 10^3}{9{,}81} = 3{,}058 \cdot 10^4 \, kg$.

Velocidade do veículo: $v = 60{,}0 \, km/h = 16{,}67 \, m/s$

O período da excitação é obtido dividindo a distância entre duas amplitudes consecutivas pela velocidade do veículo, logo:

$$\omega = \frac{2\pi}{T} = 2\pi \frac{16{,}67}{5{,}0} = 20{,}9 \, rad/s$$

Freqüência circular do veículo: $\omega_n = \sqrt{\dfrac{k}{m}} = \sqrt{\dfrac{4{,}0 \cdot 10^6}{3{,}058 \cdot 10^4}} = 11{,}4 \, rad/s$

Relação entre freqüências: $r = \dfrac{\omega}{\omega_n} = 1,83$

Trata-se de um problema do tipo deslocamento imposto na base, onde x_{B_0} é igual à amplitude da irregularidade, no caso 2,0 cm. A força final máxima no pavimento é obtida somando as componentes estática e dinâmica da carga. Seguindo o apresentado anteriormente, chega-se a que a força no pavimento é dada por:

$$f_{pav_{max}} = F_0 + \dfrac{k x_{B_0}\sqrt{1+(2\xi r)^2}}{\sqrt{(1-r^2)^2+(2\xi r)^2}} = 348,6\,kN$$

1.2.3.2. Excitação com Variação Arbitrária no Tempo

Até aqui estudou-se unicamente a situação de solicitação harmônica. Entretanto em várias situações depara-se com solicitações cuja distribuição no tempo se apresenta de forma absolutamente arbitrária. Como exemplo, citam-se as devidas a explosões, impactos e principalmente aos sismos, dentre outras. Apresenta-se inicialmente, devido sua importância para a solução de situações mais complexas, a resposta para uma força impulsiva. Chama-se de *força impulsiva* àquela com um tempo de atuação extremamente curto, conforme mostrado na Figura 1.17.

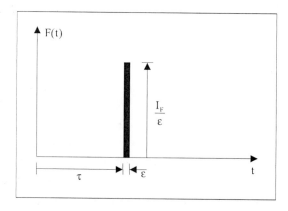

Figura 1.17 – Força impulsiva.

A *impulsão linear* da força F é dada por:

$$I_F = \int_{\tau}^{\tau+\varepsilon} F\,dt \qquad \text{(Equação 1.62)}$$

Esta é numericamente igual à área hachurada mostrada na Figura 1.17. Sendo unitário o impulso linear da força e o tempo de duração ε tendendo a zero, a força é dita *força impulsiva unitária* definida matematicamente com o uso da *função delta de Dirac* como:

$$\delta(t-\tau) = 0, \; t \neq \tau \qquad \text{(Equação 1.63a)}$$

$$\int_0^\infty \delta(t-\tau)\,dt = 1{,}0, \; 0\langle\tau\langle\infty \qquad \text{(Equação 1.63b)}$$

$$\int_0^\infty f(t)\delta(t-\tau)\,dt = f(t), \; 0\langle\tau\langle\infty \qquad \text{(Equação 1.63c)}$$

Onde f(t) é uma função qualquer de t, desde que definida no intervalo considerado. Sendo a massa m constante, a impulsão linear resulta em uma variação súbita na velocidade. Por ser infinitesimal o tempo de atuação da força, admite-se que a mola e o amortecedor apenas comecem a responder quando a força já tenha se anulado. Assim, é razoável admitir-se que o sistema entra em vibração livre com condições iniciais $g(0) = 0$ e $\dot{g}(0) = \dfrac{1}{m}$, onde g representa a resposta para a força impulsiva unitária, sendo dada pelas Equações 1.5 e 1.26, respectivamente para vibração com e sem amortecimento, e escritas nestes dois casos como:

$$g(t-\tau) = \frac{1}{m\omega_n}\sin[\omega_n(t-\tau)], \; t > \tau \qquad \text{(Equação 1.64)}$$

$$g(t-\tau) = \frac{e^{-\xi\omega_n(t-\tau)}}{m\omega_D}\sin[\omega_D(t-\tau)], \; t > \tau \qquad \text{(Equação 1.65)}$$

A partir da solução para a força impulsiva unitária, a solução para uma força com variação arbitrária no tempo é obtida, considerando-se ser esta última uma sucessão contínua de aplicação de forças impulsivas, conforme mostrado na Figura 1.18.

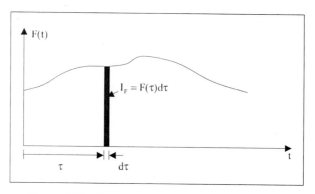

Figura 1.18 – Força com variação arbitrária no tempo.

Considerando-se o sistema sem amortecimento, a resposta para a força impulsiva no instante τ, cujo impulso linear é dado por $F(\tau)d\tau$, utilizando a Equação 1.64 é dada por:

$$dx(t) = F(\tau)d\tau \cdot g(t-\tau) = \frac{F(\tau)d\tau}{m\omega_n}\sin[\omega_n(t-\tau)] \qquad \text{(Equação 1.66)}$$

Finalmente, a resposta do sistema no instante t é obtida somando-se as contribuições de todos os impulsos até este instante. Assim:

$$x(t) = \frac{1}{m\omega_n}\int_0^t F(\tau)\sin[\omega_n(t-\tau)]d\tau \qquad \text{(Equação 1.67)}$$

Para um sistema com amortecimento tem-se:

$$x(t) = \frac{1}{m\omega_D}\int_0^t F(\tau)e^{-\xi\omega_n(t-\tau)}\sin[\omega_D(t-\tau)]d\tau \qquad \text{(Equação 1.68)}$$

A Equação 1.67 é chamada de *integral de Duhamel* e a Equação 1.68 é a resposta para o sistema amortecido escrita em termos da referida integral.

Exemplo 1.5: Considere uma força que após aplicação súbita mantenha valor constante, conforme mostrado na Figura E1.4. Determine as equações do movimento para sistema com massa m, rigidez k e amortecimento ξ.

Fundamentos □ 31

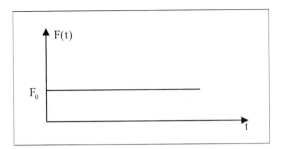

Figura E1.4

Solução:

A partir da Equação 1.68 obtém-se:

$$x(t) = \frac{F_0}{k}\left\{1 - e^{-\xi\omega_n t}[\cos(\omega_D t) + \frac{\xi}{\sqrt{1-\xi^2}}\sin(\omega_{Dt})]\right\}$$ (Equação 1.69)

Na Figura E1.5 representa-se o movimento dado pela Equação 1.69 para alguns valores de amortecimento. Nota-se que para o caso não amortecido, a resposta dinâmica máxima é o dobro da resposta estática.

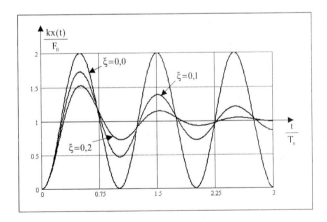

Figura E1.5 – Resposta de SGL para força constante aplicada subitamente.

Exemplo 1.6: Idem ao Exemplo 1.5, considerando uma força triangular decrescente, conforme mostrado na Figura E1.6.

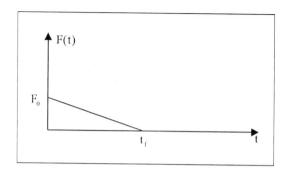

Figura E1.6

Solução:

A partir da Equação 1.68 obtém-se:

$$x(t) = \frac{F_0}{k}\left[1 - \frac{t}{t_f} + \frac{2\xi}{t_f\omega_n} - e^{-\xi\omega_n t}\left\{(1 + \frac{2\xi}{t_f\omega_n})\cos(\omega_D t) + (\frac{2\xi^2}{t_f\omega_D} + \frac{2\xi}{\sqrt{1-\xi^2}} - \frac{1}{t_f\omega_D})\sin(\omega_D t)\right\}\right]$$

(Equação 1.70)

Na Figura E1.7 representa-se o movimento dado pela Equação 1.70, para alguns amortecimentos.

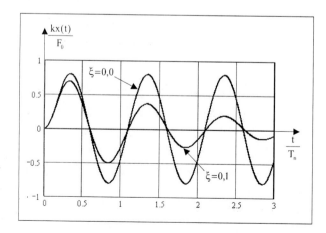

Figura E1.7 – Resposta de SGL para força triangular decrescente.

Nem sempre é possível a resolução analítica da integral de Duhamel, pois em muitas situações a excitação não é definida por uma função, mas por dados experimentais ou medições de campo, como no caso de terremotos. Assim sendo, é necessária uma metodologia para a avaliação numérica da referida integral. Assumido que a excitação seja representada no tempo por uma sucessão de segmentos de reta, é possível resolver a integral de Duhamel de forma exata. A única aproximação para a análise de uma excitação geral, neste caso, está em sua representação em segmentos retilíneos. Seja a Equação 1.68 que após a substituição de $\sin[\omega_D(t-\tau)]$ por $\sin(\omega_D t)\cos(\omega_D \tau) - \cos(\omega_D t)\sin(\omega_D \tau)$ passa a ser escrita como:

$$x(t) = \frac{e^{-\xi\omega_n t}}{m\omega_D}\left[A(t)\sin(\omega_D t) - B(t)\cos(\omega_D t)\right] \qquad \text{(Equação 1.71)}$$

Onde:

$$A(t) = \int_0^t F(\tau)e^{\xi\omega_n\tau}\cos(\omega_D\tau)d\tau \qquad \text{(Equação 1.72)}$$

$$B(t) = \int_0^t F(\tau)e^{\xi\omega_n\tau}\sin(\omega_D\tau)d\tau \qquad \text{(Equação 1.73)}$$

Considerando a excitação, no caso uma força, representada por um conjunto de segmentos retilíneos, conforme mostrado na Figura 1.19, tem-se:

$$F(\tau) = F(t_{i-1}) + \frac{F(t_i) - F(t_{i-1})}{t_i - t_{i-1}}(\tau - t_{i-1}), \text{ para } t_{i-1} \leq \tau \leq t_i \qquad \text{(Equação 1.74)}$$

Reescrevem-se as Equações 1.72 e 173 como:

$$A(t) = A(t_{i-1}) + \int_{t_{i-1}}^{t_i} F(\tau)e^{\xi\omega_n\tau}\cos(\omega_D\tau)d\tau \qquad \text{(Equação 1.75)}$$

$$B(t) = B(t_{i-1}) + \int_{t_{i-1}}^{t_i} F(\tau)e^{\xi\omega_n\tau}\sin(\omega_D\tau)d\tau \qquad \text{(Equação 1.76)}$$

Substituindo a Equação 1.74 em 1.75 e 1.76 e fazendo-se as integrações obtém-se:

$$A(t_i) = A(t_{i-1}) + \left[F(t_{i-1}) - t_{i-1} \frac{F(t_i) - F(t_{i-1})}{t_i - t_{i-1}} \right] I_1 + \frac{F(t_i) - F(t_{i-1})}{t_i - t_{i-1}} I_4$$

(Equação 1.77)

$$B(t_i) = B(t_{i-1}) + \left[F(t_{i-1}) - t_{i-1} \frac{F(t_i) - F(t_{i-1})}{t_i - t_{i-1}} \right] I_2 + \frac{F(t_i) - F(t_{i-1})}{t_i - t_{i-1}} I_3$$

(Equação 1.78)

Onde:

$$I_1 = \frac{e^{\xi\omega_n\tau}}{(\xi\omega_n)^2 + \omega_D^2} [\xi\omega_n \cos(\omega_D\tau) + \omega_D \sin(\omega_D\tau)] \Big|_{t_{i-1}}^{t_i}$$

(Equação 1.79)

$$I_2 = \frac{e^{\xi\omega_n\tau}}{(\xi\omega_n)^2 + \omega_D^2} [\xi\omega_n \sin(\omega_D\tau) - \omega_D \cos(\omega_D\tau)] \Big|_{t_{i-1}}^{t_i}$$

(Equação 1.80)

$$I_3 = (\tau - \frac{\xi\omega_n}{(\xi\omega_n)^2 + \omega_D^2}) I_2' + \frac{\omega_D}{(\xi\omega_n)^2 + \omega_D^2} I_1' \Big|_{t_{i-1}}^{t_i}$$

(Equação 1.81)

$$I_4 = (\tau - \frac{\xi\omega_n}{(\xi\omega_n)^2 + \omega_D^2}) I_1' - \frac{\omega_D}{(\xi\omega_n)^2 + \omega_D^2} I_2' \Big|_{t_{i-1}}^{t_i}$$

(Equação 1.82)

Os símbolos I_1' e I_2' nas Equações 1.81 e 1.82, referem-se respectivamente às expressões 1.79 e 1.80, antes de serem avaliadas nos limites indicados.

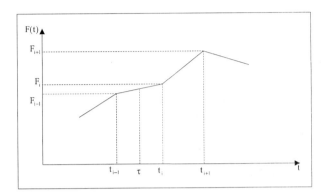

Figura 1.19 – Força com representação no tempo por segmentos de reta.

Exemplo 1.7: Calcular os deslocamentos nos instantes 0,05, 0,10, 0,15, 0,20, 0,25 e 0,30s, para a seção central da viga simplesmente apoiada do Exemplo 1.1, quando submetida à força representada na Figura E.1.8. Considerar amortecimento de 15%.

Solução:

A freqüência circular do sistema foi calculada no Exemplo E1.1, sendo seu valor $\omega_n = 85{,}7\,\text{rad/s}$. A freqüência circular amortecida é dada pela Equação 1.25, sendo portanto:

$$\omega_D = \omega_n \sqrt{1 - \xi^2} = 84{,}73\,\text{rad/s}$$

A solução é obtida com a utilização direta das equações 1.75 e 1.76. Na Tabela 1.1 encontram-se os valores dos deslocamentos procurados, sendo $\Delta A(t) = A(t_i) - A(t_{i-1})$ e $\Delta B(t) = B(t_i) - B(t_{i-1})$.

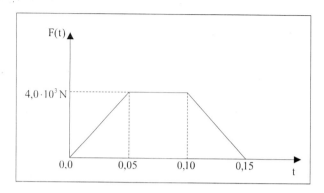

Figura E1.8

t	F(t)	ΔA(t)	A(t)	ΔB(t)	B(t)	x(t)
0,005	4000,000	1,1399E+02	5,4217E+02	3,5218E+01	1,6676E+02	1,0319E-04
0,100	4000,000	1,2122E+02	1,0259E+03	1,1746E+02	−9,0465E+02	1,3337E-03
0,150	0,000	−6,7639E+01	−1,1897E+03	−3,2201E+01	2,4790E+03	−5,9237E-03
0,200	0,000	0,0000E+00	−1,1897E+03	0,0000E+00	2,4790E+03	2,2964E-03
0,250	0,000	0,0000E+00	−1,1897E+03	0,0000E+00	2,4790E+03	5,3158E-04
0,300	0,000	0,0000E+00	−1,1897E+03	0,0000E+00	2,4790E+03	−8,9110E-04

Tabela 1.1

1.3. Amortecimento

A força de amortecimento, conforme dito anteriormente, está associada à perda de energia do sistema, que acontece principalmente pela geração de calor e/ou de ruído. Nas equações apresentadas até o momento, foi adotada a hipótese da força de amortecimento ser proporcional à velocidade. Este tipo de amortecimento é chamado de *Amortecimento Viscoso* e acontece, geralmente, quando da movimentação de um corpo em um meio fluído, ou quando da passagem de um líquido ou gás por um orifício, dentre outras situações. Entretanto, dois outros tipos de amortecimento merecem destaque, o *Amortecimento de Coulomb* e o *Amortecimento de Histerese*, este último também conhecido como *de Material* ou *Sólido*.

O amortecimento de Coulomb decorre do deslizamento entre superfícies, secas ou com lubrificação deficiente, sendo a força de amortecimento constante, proporcional à força normal às superfícies deslizantes e em sentido contrário ao movimento. Sendo a força de amortecimento $f_D = \mu N$, onde ì é o coeficiente de atrito de Coulomb e N a força normal às superfícies deslizantes, a equação do movimento passa a se escrita como:

$$m\ddot{x}(t) + kx(t) \pm f_D = F(t) \qquad \text{(Equação 1.83)}$$

O sinal da força f_D de amortecimento é função da direção do movimento. Será positivo se a velocidade for positiva e negativo em caso contrário.

O amortecimento de histerese acontece devido ao fato de que quando os materiais são submetidos a tensões cíclicas, a relação tensão-deformação, quando dos ciclos de carregamento e descarregamento, segue caminhos diferentes, conforme mostrado na Figura 1.20. A área interna do ciclo de histerese é numericamente igual à energia dissipada, por geração de calor, por unidade de volume em um ciclo completo de carga e descarga. Resultados experimentais sugerem ser a energia dissipada praticamente independente da freqüência de aplicação da carga e diretamente proporcional ao quadrado da amplitude do movimento.

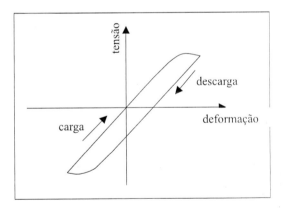

Figura 1.20 – Ciclo de histerese para materiais elásticos.

O amortecimento viscoso é o que apresenta o tratamento matemático mais simples, sendo a utilização desta hipótese a preferida no estudo da dinâmica das estruturas. Pode-se determinar um *amortecimento viscoso equivalente* para os outros tipos de amortecimento. Define-se como amortecimento viscoso equivalente aquele que, quando considerado na equação de equilíbrio dinâmico, Equação 1.1, fornece a mesma amplitude de deslocamento que a obtida com o amortecimento em consideração. Isto é feito igualando-se as energias dissipadas durante um ciclo em movimento harmônico. Considerando apenas a resposta permanente, a energia dissipada por amortecimento viscoso é dada por:

$$E_D = \int_0^{\frac{2\pi}{\omega}} c[\dot{x}(t)]^2 dt = \int_0^{\frac{2\pi}{\omega}} cX^2[\cos(\omega t - \varphi)]^2 dt = 2\pi\xi\frac{\omega}{\omega_n}kX^2$$

(Equação 1.84)

Onde X representa a amplitude do movimento dada por:

$$X = A_D \frac{F_0}{k}$$
(Equação 1.85)

A_D é fator de amplificação dinâmica definido na Equação 1.45.

Tratando-se de amortecimento de Coulomb, sendo a força de amortecimento pequena comparada com a amplitude F_0 da força excitadora, pode-se admitir que a resposta permanente seja também harmônica. Como a força de amortecimento é constante, em um quarto de ciclo do movimento a energia dissipada, que é igual ao trabalho gerado, é igual a μNX e no ciclo completo:

$$E_D = 4\mu NX$$
(Equação 1.86)

Igualando-se as Equações 1.84 e 1.86 obtém-se o fator de amortecimento viscoso equivalente:

$$\xi_{eq} = \frac{2\mu N}{\pi k X}\frac{\omega_n}{\omega}$$
(Equação 1.87)

Para o amortecimento de histerese, a energia dissipada em um ciclo de movimento pode ser calculada como:

$$E_D = \pi\eta kX^2$$
(Equação 1.88)

Igualando-se as equações 1.84 e 1.88, obtém-se o fator de amortecimento viscoso equivalente ao amortecimento de histerese:

$$\xi_{eq} = \frac{\eta}{2}\frac{\omega_n}{\omega} \qquad \text{(Equação 1.89)}$$

Onde η é a constante de amortecimento de histerese. Na Tabela 1.2 encontram-se faixas de valores típicos para a constante η de alguns materiais.

O amortecimento em uma estrutura não depende apenas do material de que é feita. Vários outros fatores influenciam, como material e disposição das divisórias em um prédio, tipos das ligações entre os elementos estruturais, sistema estrutural, dentre outros. Em estruturas já existentes é possível, embora nem sempre viável, a determinação experimental do amortecimento. Em estruturas em fase de projeto ou a serem construídas a determinação do amortecimento é simplesmente impossível. Assim sendo, tem-se que aproveitar resultados de experiências anteriores em estruturas semelhantes, onde os amortecimentos tenham sidos medidos. Seria desejável que na conclusão da obra as propriedades dinâmicas da mesma, dentre elas o amortecimento, pudessem ser verificadas experimentalmente.

É importante ressaltar que o amortecimento a ser adotado depende das condições de carregamento a que a estrutura será submetida. Carregamentos que despertem ciclos de grandes deformações inelásticas, naturalmente corresponderão a maiores valores para os amortecimentos. Em se tratando de análise sísmica, a maioria dos códigos normalmente adotam 5% de amortecimento viscoso, para as estruturas de edifícios. Entretanto, estes valores não devem ser utilizados em outras situações. Na falta de dados mais precisos é aconselhável a adoção de valores conservadores, e a título de orientação são apresentados alguns destes na Tabela 1.3, determinados em ensaios efetuados em passarelas.

Material	Constante de amortecimento de histerese η
Aço	0,001 – 0,008
Alumínio	0,00002 – 0,002
Concreto	0,01 – 0,06

Tabela 1.2 – Constante de amortecimento de histerese.

Estrutura	Fator de amortecimento viscoso ξ
Estruturas em concreto armado.	0,007
Estruturas em concreto protendido e estruturas mistas (laje de concreto sobre vigas de aço).	0,005
Estruturas em aço.	0,003
Estruturas em madeira.	0,015

Tabela 1.3 – Fatores de amortecimento viscoso.

Em edifícios podem ser adotados valores de duas a três vezes maiores que os sugeridos na Tabela 1.3.

1.4. Exercícios Propostos

1.4.1. Obtenha o fator de amplificação dinâmica, em função de ω_n, F_0 e t_f, para um SGL com amortecimento nulo sujeito a uma força excitadora conforme a Figura 1.21.

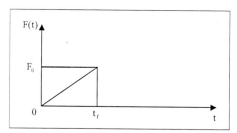

Figura 1.21

1.4.2. Idem ao exercício 1.4.1 considerando o sistema com fator de amortecimento $\xi = 4\%$.

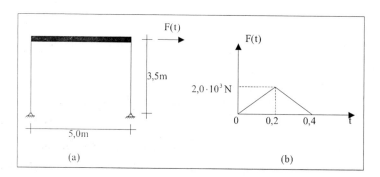

Figura 1.22

1.4.3. As colunas do pórtico plano mostrado na Figura 1.22a são indeformáveis axialmente, e a viga é infinitamente rígida. As colunas são em aço com perfil com momento de inércia $I = 4977 cm^4$. A massa da estrutura é considerada concentrada no nível do andar e igual a $m = 10000 kg$. Pede-se calcular os deslocamentos horizontais do andar nos instantes $t = 0{,}20s$ e $t = 0{,}5s$ devidos à ação da força mostrada na Figura 1.22b. Desprezar o amortecimento.

1.4.4. Considere que o pórtico do Exercício 1.4.3 seja submetido à aceleração horizontal da base a(t) mostrada na Figura 1.23, onde g representa a aceleração da gravidade. Pede-se os momentos fletores e forças cortantes nas colunas nos instantes $t = 0{,}2s$ e $t = 0{,}3s$. Considere amortecimento viscoso com $\xi = 5\%$.

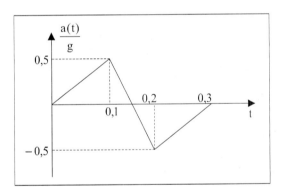

Figura 1.23

2
Espectros de Resposta

2.1. Introdução

Um gráfico que mostre a resposta máxima, seja em termos de deslocamentos, velocidades, acelerações ou qualquer outra grandeza, em função do período natural ou da freqüência natural para um SGL, considerando uma determinada excitação é chamado de *espectro de resposta*. Espectros de respostas para excitação da base têm grande aplicação em análise sísmica. Este conceito foi introduzido por M. A. Biot em 1932, como forma de caracterizar os efeitos de sismos em estruturas. Espectros de resposta para forças são também utilizados na análise do efeito de cargas impulsivas como as de efeito de explosões nas estruturas, e costumam ser então chamados de espectros de choque.

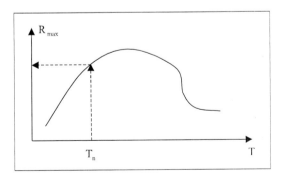

Figura 2.1 – Utilização de espectro de resposta.

Conhecido o espectro de resposta de uma dada excitação, a resposta máxima para um SGL é facilmente determinada desde que conhecido o seu período natural T_n, conforme ilustrado na Figura 2.1. Entretanto, a informação sobre o instante no tempo onde ocorre a resposta máxima não fica disponível.

2.2. Espectros de Resposta para Forças

Seja um SGL sujeito a uma força retangular atuando por um tempo t_f, conforme mostrado na Figura 2.2a. Para instantes $t \leq t_f$ o movimento é dado pela Equação 1.69 e para instantes $t > t_f$ o movimento é de vibração livre dado pela Equação 1.26 com imposição de condições iniciais. Para a obtenção do espectro a resposta é calculada, utilizando-se, por exemplo, a integral de Duhamel, para uma faixa de freqüências de interesse, sendo retida para cada uma daquelas freqüências o valor máximo obtido. Na Figura 2.3 encontra-se o espectro, em termos do fator de amplificação dinâmica $A_{D_{max}}$ e onde T_n representa o período natural do SGL, para a força impulsiva retangular, considerando amortecimentos nulo e de 10%. Na Figura 2.4 encontra-se o espectros para a carga triangularmente decrescente, mostrada nas Figuras 2.2b, também para amortecimentos nulo e de 10%.

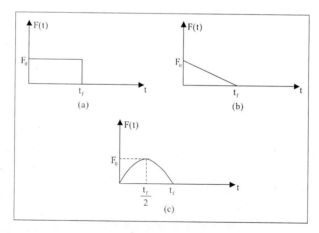

Figura 2.2 – Forças impulsivas: (a) retangular, (b) triangular decrescente e (c) parabólica.

Em ambas as situações observa-se que na medida em que a relação entre o tempo de aplicação da carga t_f e o período natural T_n, diminui o efeito do amortecimento torna-se pequeno, e mesmo para relações $\frac{t_f}{T_n}$ maiores e para amortecimentos pequenos, como é o caso das estruturas reais, a influência deste ainda é pouco significativa. Por esta razão quando da análise dos efeitos de forças impulsivas de curta duração, como é o caso de efeitos de explosão ou de choque, é usual se desconsiderar o efeito do amortecimento.

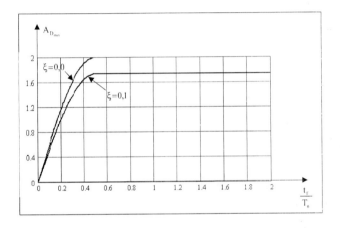

Figura 2.3 – Espectro para força impulsiva retangular.

Na Figura 2.5, para efeito de comparação, reúnem-se os espectros não amortecidos, para forças com função retangular (curva a), triangular decrescente (curva b) e parabólica (curva c), definidas na Figura 2.2.

2.3. Espectros de Resposta para Aceleração da Base

Espectros de resposta para aceleração da base são de grande importância na análise sísmica. As acelerações produzidas por um terremoto são as grandezas mais diretas para caracterizar e compreender seus efeitos sobre as estruturas. Na Figura 2.6 encontram-se em forma gráfica as acelerações horizontais, em termos de frações da aceleração da gravidade g, produzidas por um terremoto muito conhecido e estudado, o de "El Centro", nos seus primeiros 10 segundos, ocorrido em 18 de maio de 1940, na Califórnia (EUA). Na Tabela 2.1 as mesmas acelerações são apresentadas em forma tabular.

As respostas de um SGL à movimentação da base foram já apresentadas no item 1.2.3.1.2 e são a seguir desenvolvidas de forma mais completa.

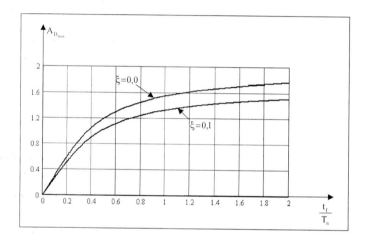

Figura 2.4 – Espectro para força triangular decrescente.

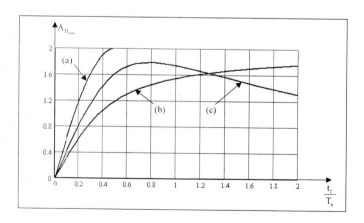

Figura 2.5 – Espectros não amortecidos.

Sejam $u(t)$, $\dot{u}(t)$ e $\ddot{u}(t)$ o deslocamento, velocidade e aceleração da massa m relativos à sua base, dados por:

$$u(t) = x(t) - x_b(t) \qquad \text{(Equação 2.1a)}$$

$$\dot{u}(t) = \dot{x}(t) - \dot{x}_b(t) \qquad \text{(Equação 2.1b)}$$

$$\ddot{u}(t) = \ddot{x}(t) - \ddot{x}_b(t) \qquad \text{(Equação 2.1c)}$$

Nestas equações, $x(t)$ e $x_b(t)$ são os deslocamentos, $\dot{x}(t)$ e $\dot{x}_b(t)$ as velocidades e $\ddot{x}(t)$ e $\ddot{x}_b(t)$ as acelerações, todos absolutos, da massa m e de sua base, respectivamente. Substituindo as Equações 2.1 na Equação 1.56, obtém-se a equação diferencial do movimento relativo, devido à aceleração da base:

$$\ddot{u}(t) + 2\xi\omega_n \dot{u}(t) + \omega_n^2 u(t) = -\ddot{x}_b(t) \qquad \text{(Equação 2.2)}$$

Conhecida a aceleração da base e definido o amortecimento, a Equação 2.2 pode ser resolvida para vários valores de ω_n, utilizando qualquer método de solução para a equação diferencial, como por exemplo a integral de Duhamel. Não havendo solução analítica, a resposta deve ser obtida numericamente. Utilizando-se a integral de Duhamel obtém-se:

$$u(t) = -\frac{1}{\omega_D} \int_0^t \ddot{x}_b(t) e^{-\xi\omega_n(t-\tau)} \sin[\omega_D(t-\tau)]d\tau \qquad \text{(Equação 2.3a)}$$

$$\dot{u}(t) = -\frac{1}{\omega_D} \int_0^t \ddot{x}_b(t) e^{-\xi\omega_n(t-\tau)} \{-\xi\omega_n \sin[\omega_D(t-\tau)] + \omega_D \cos[\omega_D(t-\tau)]\}d\tau$$

(Equação 2.3b)

Calculados os deslocamentos e velocidades, as acelerações absolutas são obtidas com o auxílio da Equação 2.2 resultando em:

$$\ddot{x}(t) = -2\xi\omega_n \dot{u}(t) - \omega_n^2 u(t) \qquad \text{(Equação 2.4)}$$

A parcela $\omega_n^2 u(t)$ é chamada de pseudo-aceleração e para sistemas levemente amortecidos é uma boa aproximação da aceleração absoluta, podendo-se neste caso escrever:

$$\ddot{x}(t) \cong -\omega_n^2 u(t) \qquad \text{(Equação 2.5)}$$

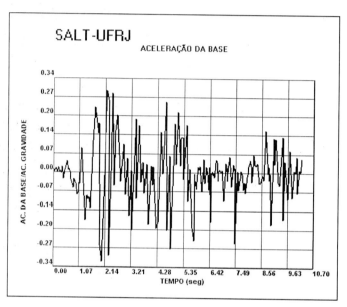

Figura 2.6 – Acelerações do El Centro.

t	a(t)/g	t	a(t)/g	t	a(t)/g	t	a(t)/g
0,000	0,0108	3,253	−0,2060	6,562	−0,0099	9,053	0,1260
0,042	0,0020	3,386	0,1927	6,575	−0,0017	9,095	0,0320
0,097	0,0159	3,419	−0,0937	6,603	−0,0170	9,123	0,0955
0,161	−0,0001	3,530	0,1708	6,645	0,0373	9,150	0,1246
0,221	0,0189	3,599	−0,0359	6,686	0,0457	9,253	−0,0328
0,263	0,0001	3,668	0,0365	6,714	0,0385	9,289	−0,0451
0,291	0,0059	3,738	−0,0736	6,728	0,0009	9,427	0,1301
0,332	−0,0012	3,835	0,0311	6,749	−0,0288	9,441	−0,1657
0,374	0,0200	3,904	−0,1833	6,769	0,0016	9,510	0,0419
0,429	−0,0237	4,014	0,0227	6,811	0,0113	9,635	−0,0936
0,471	0,0076	4,056	−0,0435	6,852	0,0022	9,704	0,0816
0,581	0,0425	4,106	0,0216	6,908	0,0092	9,815	−0,0881
0,623	0,0094	4,222	−0,1972	6,991	−0,0996	9,898	0,0064
0,665	0,0138	4,314	−0,1762	7,074	0,0360	9,939	−0,0006
0,720	−0,0088	4,416	0,1460	7,121	0,0078	9,995	0,0586

Espectros de Resposta ▫ 49

t	a(t)/g	t	a(t)/g	t	a(t)/g	t	a(t)/g
0,740	–0,0256	4,471	–0,0047	7,143	–0,0277	10,020	–0,0713
0,789	–0,0387	4,618	0,2572	7,149	0,0026	10,050	–0,0448
0,829	–0,0568	4,665	–0,2045	7,171	0,0272	10,080	–0,0221
0,872	–0,0232	4,756	0,0608	7,226	0,0576	10,100	0,0093
0,902	–0,0343	4,831	–0,2733	7,295	–0,0492	10,150	0,0024
0,941	–0,0402	4,970	0,1779	7,370	0,0297	10,190	0,0510
0,961	–0,0603	5,039	0,0301	7,406	0,0109		
0,997	–0,0789	5,108	0,2183	7,425	0,0186		
1,066	–0,0666	5,199	0,0267	7,461	–0,2530		
1,076	–0,0381	5,233	0,1252	7,525	–0,0347		
1,094	–0,0429	5,302	0,1290	7,572	0,0036		
1,168	0,0897	5,330	0,1089	7,600	–0,0628		
1,315	–0,1696	5,343	–0,0239	7,641	–0,0280		
1,384	–0,0828	5,454	0,1723	7,669	–0,0196		
1,412	–0,0828	5,510	–0,1021	7,691	0,0068		
1,440	–0,0945	5,606	0,0141	7,752	–0,0054		
1,481	–0,0885	5,690	–0,1949	7,794	–0,0603		
1,509	–0,1080	5,773	–0,2420	7,835	–0,0357		
1,537	–0,1280	5,800	–0,0050	7,877	–0,0716		
1,628	0,1144	5,809	–0,0275	7,960	–0,0140		
1,703	0,2355	5,869	–0,0573	7,987	–0,0056		
1,855	0,1428	5,883	–0,0327	8,001	0,0222		
1,880	0,1777	5,925	0,0216	8,070	0,0468		
1,924	–0,2610	5,980	0,0108	8,126	0,0260		
2,007	–0,3194	6,013	0,0235	8,166	–0,0335		
2,215	0,2952	6,085	–0,0665	8,195	–0,0128		
2,270	0,2634	6,132	0,0014	8,223	0,0661		
2,320	–0,2984	6,174	0,0493	8,278	0,0305		
2,395	0,0054	6,188	0,0149	8,334	0,0246		
2,450	0,2865	6,198	–0,0200	8,403	0,0347		
2,519	–0,0469	6,229	–0,0381	8,458	–0,0369		
2,575	0,1516	6,279	0,0207	8,533	–0,0344		
2,652	0,2077	6,326	–0,0058	8,596	–0,0104		
2,708	0,1087	6,368	–0,0603	8,638	–0,0260		
2,769	–0,0325	6,382	–0,0162	8,735	0,1534		
2,893	0,1033	6,409	0,0200	8,818	–0,0028		
2,976	–0,0803	6,459	–0,1760	8,860	0,0233		
3,068	0,0520	6,478	–0,0033	8,882	–0,0261		
3,129	–0,1547	6,520	0,0043	8,915	–0,0022		
3,212	0,0065	6,534	–0,0040	8,956	–0,1849		

Tabela 2.1 – Acelerações do El Centro.

Os valores máximos dos deslocamentos relativos e acelerações absolutas, respectivamente u_{max} e $\ddot{x}_{max}$, são chamados de deslocamentos e acelerações espectrais, S_d e S_a. A variação destas grandezas, em função do período natural ou da freqüência natural de um SGL, constitui-se nos espectros de deslocamento e aceleração. Considerando a Equação 2.5 escreve-se a relação:

$$S_a = \omega_n^2 S_d \qquad \text{(Equação 2.6)}$$

A pseudo-velocidade espectral é uma velocidade fictícia, que para sistemas levemente amortecidos e períodos naturais também pequenos, fornece uma boa aproximação para a velocidade relativa da massa, sendo dada por:

$$S_v = \omega_n S_d \qquad \text{(Equação 2.7)}$$

Respectivamente nas Figuras 2.7 e 2.8, para o terremoto de El Centro com amortecimento de 5%, encontram-se as superposições dos gráficos aceleração espectral com pseudo-aceleração (não distinguíveis graficamente) e velocidade espectral com pseudo-velocidade, que confirmam que tanto a pseudo-aceleração como a pseudo-velocidade são excelentes aproximações para a aceleração e velocidade espectrais, respectivamente.

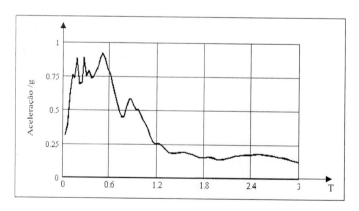

Figura 2.7 – Superposição da aceleração espectral com a pseudo-aceleração, El Centro com amortecimento de 5%.

Um espectro de resposta é específico de um determinado sismo, acontecido em um certo local. Portanto, por si só não apresenta utilidade no que diz respeito à sua aplicação direta no projeto de estruturas sismo-resistentes ou na verificação da segurança de estruturas existentes. Isto porque não se tem garantia de que as características de um sismo passado possam representar sismos futuros. Assim surgiu o conceito dos espectros de projeto, que são obtidos por critérios estatísticos, a partir de um conjunto de espectros de resposta para sismos acontecidos no local de interesse. A construção de espectros de projeto é um assunto bastante específico e foge ao propósito do presente trabalho. Os regulamentos e normas apresentam critérios para a construção de espectros de projeto a serem utilizados no projeto de novas construções ou na verificação da resistência de construções existentes. Na Figura 2.9, como exemplo, é mostrado um espectro de projeto construído de acordo com as recomendações do IBC – International Building Code, padronizado para uma aceleração máxima da base igual a 0,6g.

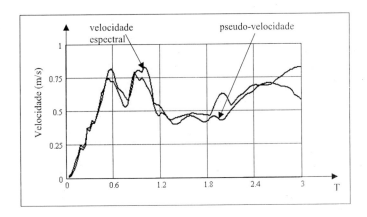

Figura 2.8 – Superposição da velocidade espectral com a pseudo-velocidade, El Centro com amortecimento de 5%.

52 ❑ Análise Dinâmica das Estruturas

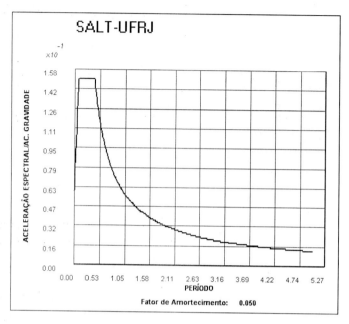

Figura 2.9 – Exemplo de espectro de projeto.

Exemplo 2.1: Uma estrutura modelada como um sistema com um grau de liberdade, apresenta freqüência circular $\omega_n = 15$ rad/s. Calcule o deslocamento máximo relativo, a pseudo-velocidade espectral e a pseudo-aceleração espectral, para uma aceleração de projeto na base igual a 0,25g, considerando amortecimento $\xi = 5\%$. Utilize o espectro de projeto mostrado na Figura 2.9.

Solução:

O espectro de projeto mostrado na Figura 2.9 refere-se a uma aceleração da base igual a 0,6g, portanto para outros níveis de aceleração suas ordenadas devem ser multiplicadas pela relação entre aceleração desejada e a aceleração da gravidade 0,6g. No problema proposto o fator de correção é de 0,25/0,60=0,417. Para o período natural da estrutura tem-se:

$$T_n = \frac{2\pi}{\omega_n} = 0,419s$$

Tendo como entrada no gráfico da Figura 2.9 o período natural, obtém-se para a aceleração espectral: $S_a = 0,417 \cdot 1,5g = 0,375g$

Utilizando-se as relações dadas pelas equações 2.6 e 2.7, obtém-se para o deslocamento máximo relativo e a pseudo-velocidade, respectivamente:

$$S_d = \frac{S_a}{\omega_n^2} = 0,0273 m$$

$$S_v = \frac{S_a}{\omega_n} = 0,409 m/s \ .$$

2.4. Exercícios Propostos

2.4.1. Seja o pórtico plano mostrado na Figura 2.10. A viga tem rigidezes axial e de flexão infinitas, e as colunas compostas por perfil de aço, com momento de inércia I=11758cm^4, não apresentam deformação axial. Considerando a ação de uma força horizontal parabólica no topo do andar, com amplitude de 1000N aplicada no instante t = 0 até o instante t_f = 5s e amortecimento nulo, pede-se calcular o deslocamento máximo do andar utilizando o espectro de resposta correspondente mostrado na Figura 2.5.

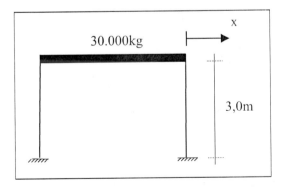

Figura 2.10

2.4.2. Refazer o Problema 2.31 considerando uma força triangular decrescente.

2.4.3. Para o mesmo pórtico do Exercício 2.31, considerando amortecimento de 5%, calcule deslocamento máximo do andar, máximo momento fletor e força cortante nas colunas para uma aceleração na base de 0,5g. Utilize o espectro de projeto mostrado na Figura 2.9.

2.4.4. Obtenha o espectro de resposta para amortecimento $\xi = 2,5\%$, considerando as acelerações do terremoto de El Centro de 1940, mostradas na Tabela 2.1.

3
Sistemas de Múltiplos Graus de Liberdade

3.1. Introdução

No primeiro capítulo estudou-se o sistema com um grau de liberdade (SGL). Embora seu estudo e conhecimento sejam de fundamental importância para o entendimento da dinâmica, a modelação de estruturas como um SGL é limitada, não atendendo às necessidades da engenharia de estruturas. No presente capítulo é apresentado o estudo de sistemas estruturais mais complexos, com vários graus de liberdade, visando sempre à aplicação em estruturas de obras civis.

3.2. Equações de Equilíbrio Dinâmico

As equações de equilíbrio dinâmico são introduzidas a partir do estudo de um pórtico com três andares, sujeito às forças $f_1(t)$, $f_2(t)$ e $f_3(t)$ aplicadas (externamente) ao nível dos andares, conforme mostrado na Figura 3.1a. Considerando que as vigas e colunas não tenham deformação axial, as vigas apresentem inércia à flexão infinita e a massa da estrutura seja aplicada ao nível dos andares, têm-se um total três graus de liberdade, que apresentam variações dos deslocamentos no tempo chamadas, respectivamente, de $d_1(t)$, $d_2(t)$ e $d_3(t)$. Por simplificação no que se segue, os deslocamentos e suas derivadas primeira e segunda em relação à variável tempo, para a coordenada j serão representados por d_j, $\dot{d}_j$ e $\ddot{d}_j$, respectivamente. As rigidezes dos andares são denominadas por k_1, k_2 e k_3 e os coeficientes de amortecimento por c_1, c_2 e c_3. Na Figura 3.1b encontra-se o DCL da massa m_1, com a ajuda do qual se escreve a equação de equilíbrio dinâmico da referida massa como:

$$m_1 \ddot{d}_1 + (c_1 + c_2)\dot{d}_1 - c_2 \dot{d}_2 + (k_1 + k_2)d_1 - k_2 d_2 = f_1(t)$$

(Equação 3.1)

A Equação 3.1 pode ser reescrita, para uma coordenada j, como:

$$f_{Ij} + f_{Dj} + f_{Kj} = f_j(t) \hspace{2cm} \text{(Equação 3.2)}$$

Onde f_{Ij}, f_{Dj}, f_{Kj} e f_j representam as forças de inércia, de amortecimento, elástica e externa, respectivamente.

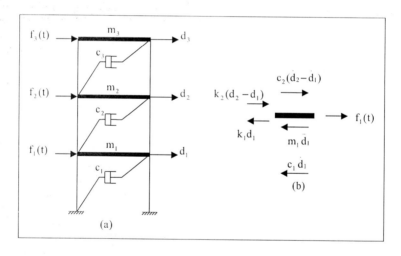

Figura 3.1 – Pórtico plano com três andares.

Escrevendo-se as equações de equilíbrio dinâmico para as demais massas do pórtico da Figura 3.1, chega-se ao sistema de equações:

$$\begin{bmatrix} m_1 & 0 & 0 \\ 0 & m_2 & 0 \\ 0 & 0 & m_3 \end{bmatrix} \begin{Bmatrix} \ddot{d}_1 \\ \ddot{d}_2 \\ \ddot{d}_3 \end{Bmatrix} + \begin{bmatrix} c_1+c_2 & -c_2 & 0 \\ -c_2 & c_2+c_3 & -c_3 \\ 0 & -c_3 & c_3 \end{bmatrix} \begin{Bmatrix} \dot{d}_1 \\ \dot{d}_2 \\ \dot{d}_3 \end{Bmatrix} +$$

$$\begin{bmatrix} k_1+k_2 & -k_2 & 0 \\ -k_2 & k_2+k_3 & -k_3 \\ 0 & -k_3 & k_3 \end{bmatrix} \begin{Bmatrix} d_1 \\ d_2 \\ d_3 \end{Bmatrix} = \begin{Bmatrix} f_1(t) \\ f_2(t) \\ f_3(t) \end{Bmatrix} \qquad \text{(Equação 3.3)}$$

Ou em forma compacta:

$$M\ddot{d} + C\dot{d} + Kd = f(t) \qquad \text{(Equação 3.4)}$$

Onde M, C e K são, respectivamente, as matrizes de massa, de amortecimento e de rigidez, e d, $\dot{d}$, $\ddot{d}$ e $f(t)$ os vetores de deslocamentos, velocidades, acelerações e forças aplicadas, respectivamente. As matrizes M, C e K são quadradas de ordem n, sendo n o número de graus de liberdade.

O termo genérico $K_{i,j}$ da matriz de rigidez, chamado de *coeficiente de rigidez*, representa a força que aparece na direção do grau de liberdade i quando é imposto um deslocamento unitário na direção do grau de liberdade j, mantendo todos os demais deslocamentos nulos. O termo genérico $M_{i,j}$ da matriz de massa representa a força na direção do grau de liberdade i quando é imposta uma aceleração unitária na direção do grau de liberdade j. Já o termo $C_{i,j}$ da matriz de amortecimento representa a força que aparece na direção do grau de liberdade i quando é imposta uma velocidade unitária na direção do grau de liberdade j.

3.3. Sistema Não Amortecido

Particularizando a Equação 3.4 para a situação de um sistema sem amortecimento, tem-se:

$$M\ddot{d} + Kd = f(t) \qquad \text{(Equação 3.5)}$$

3.3.1. Vibração Livre

3.3.1.1. Freqüência e Modo de Vibração Natural

Conforme já apresentado no Capítulo 1, a vibração livre acontece pela imposição de condições iniciais ao sistema, sem que haja força aplicada. Assim a Equação 3.5 se particulariza para:

$$M\underline{\ddot{d}} + K\underline{d} = 0 \qquad \text{(Equação 3.6)}$$

Assume-se que a vibração livre do sistema segundo um de seus modos de vibração possa ser representada pela equação:

$$\underline{d} = \underline{\varphi}_j \, q_j(t) \qquad \text{(Equação 3.7)}$$

Onde $\underline{\phi}_j$ é um vetor constante que fisicamente representa uma deformada e uma função harmônica na forma:

$$q_j(t) = A_j \cos(\omega_{n_j} t) + B_j \sin(\omega_{n_j} t) \qquad \text{(Equação 3.8)}$$

A_j e B_j são constantes de integração determinadas a partir das condições iniciais do movimento.

A Equação 3.7 representa um movimento sincronizado em que as diferentes coordenadas, elementos do vetor $\underline{d}$ mantêm a mesma relação em qualquer instante de tempo t, conseqüência do vetor $\underline{\phi}_j$ ser constante. Substituindo-se a Equação 3.8 na Equação 3.7, tem-se:

$$\underline{d} = \underline{\varphi}_j [A_j \cos(\omega_{n_j} t) + B_j \sin(\omega_{n_j} t)] \qquad \text{(Equação 3.9)}$$

Substituindo-se a Equação 3.9 na Equação 3.6, obtém-se:

$$\left(-\omega_{n_j}^2 M \underline{\varphi}_j + K \underline{\varphi}_j \right) q_j(t) = \underline{0} \qquad \text{(Equação 3.10)}$$

A igualdade expressa pela Equação 3.10 pode ser atendida com $q_j(t) = 0$ significando a não existência de movimento, não tendo esta solução interesse para a dinâmica. Outra forma da igualdade ser atendida é o termo entre parênteses ser nulo, o que implica na determinação de valores para ω_{n_j} e $\underset{\sim}{\phi}_j$ que satisfaçam à condição:

$$\omega_{n_j}^2 \underset{\sim}{M} \underset{\sim}{\varphi}_j = \underset{\sim}{K} \underset{\sim}{\varphi}_j \qquad \text{(Equação 3.11)}$$

Ou reescrevendo:

$$(\underset{\sim}{K} - \omega_{n_j}^2 \underset{\sim}{M}) \underset{\sim}{\varphi}_j = \underset{\sim}{0} \qquad \text{(Equação 3.12)}$$

A solução $\underset{\sim}{\phi}_j = \underset{\sim}{0}$ não apresenta interesse, pois implica em ausência de movimento, restando, portanto, como possibilidade de solução não-trivial:

$$\det \left| \underset{\sim}{K} - \omega_{n_j}^2 \underset{\sim}{M} \right| = 0 \qquad \text{(Equação 3.13)}$$

Onde *det* significa determinante da matriz.

O desenvolvimento da Equação 3.13 leva a um polinômio de ordem N, sendo N o número de graus de liberdade, em relação a $\omega_{n_j}^2$ dito *polinômio característico*. As N raízes deste polinômio, chamadas de *autovalores* ou *valores característicos*, fornecem as N freqüências circulares ω_{n_j}, que podem ser ordenadas na forma crescente, sendo ω_{n_1}, a menor delas, conhecida como freqüência circular fundamental e as demais como harmônicos superiores.

Substituindo-se na Equação 3.12, cada um por vez os valores calculados para as freqüências, por exemplo, ω_{n_j}, calcula-se um vetor $\underset{\sim}{\varphi}_j$ chamado de *auto-vetor* ou *modo de vibração natural*. Entretanto, não é possível a determinação dos valores absolutos para as componentes de $\underset{\sim}{\varphi}_j$, o que é explicado pelo fato de a condição imposta pela Equação 3.13 implicar em que o sistema de equações seja indeterminado, isto por se ter apenas N equações no sistema representado pela Equação 3.12 e N+1 incógnitas a determinar, representadas pelas N componentes de $\underset{\sim}{\varphi}_j$ e por ω_{n_j}. Entretanto, isto não constitui dificuldade, pois na solução do problema de vibração livre, importarão apenas os valores relativos entre as componentes de $\underset{\sim}{\varphi}_j$.

Assim sendo, atribui-se um determinado valor a uma das componentes do vetor, escolhida para referência, determinando-se os valores relativos das demais componentes, num processo chamado de normalização. Vários são os critérios possíveis de serem adotados para a normalização dos autovetores. Um particularmente interessante e muito utilizado é definido da seguinte forma:

$$\underset{\sim}{\phi}_j = \frac{\overline{\phi}_j}{\sqrt{\overline{\phi}_j^T M \overline{\phi}_j}}$$ (Equação 3.14)

Diz-se então que o autovetor está normalizado em relação à matriz de massa. Na Equação 3.14, $\overline{\phi}_j$ representa o autovetor antes da normalização e, o índice T significa transposição.

Os N autovetores podem ser congregados em uma única matriz, chamada de *matriz modal*, onde cada coluna representa um autovetor, definida por:

$$\underset{\sim}{\Phi} = \begin{bmatrix} \phi_{1,1} & \cdots & \phi_{1,N} \\ \vdots & & \vdots \\ \phi_{N,1} & \cdots & \phi_{N,N} \end{bmatrix}$$ (Equação 3.15)

Os N autovalores podem ser colocados em uma matriz diagonal chamada de *matriz espectral*, como:

$$\underset{\sim}{\lambda} = \begin{bmatrix} \lambda_1 & \cdots & 0 \\ & \lambda_j & \\ 0 & \cdots & \lambda_N \end{bmatrix} = \begin{bmatrix} \omega_{n_1}^2 & \cdots & 0 \\ & \omega_{n_j}^2 & \\ 0 & \cdots & \omega_{n_N}^2 \end{bmatrix}$$ (Equação 3.16)

Com esta representação a Equação 3.11 pode ser reescrita como:

$$M \Phi \lambda = K \Phi$$ (Equação 3.17)

Exemplo 3.1: Considere-se que no pórtico mostrado na Figura 3.1 os andares tenham alturas iguais a 3m, cada uma das colunas do primeiro andar tenham momento de inércia $I_1=8581 cm^4$, as do segundo andar $I_2=7158 cm^4$ e as do terceiro andar $I_3=2611 cm^4$. As massas dos andares são de 60000 kg para o primeiro e segundo andares e 30000 kg para o terceiro, considerando o amortecimento como nulo. Pede-se calcular as freqüências e os modos de vibração naturais. Normalizar os modos em relação à matriz de massa, conforme indicado pela Equação 3.14. Adotar para o módulo de elasticidade do material das colunas E=205GPa.

Solução:

Para a montagem da matriz de rigidez é necessário calcular as rigidezes dos andares e, portanto, as forças que aparecem nas extremidades das colunas quando são impostos deslocamentos lineares unitários, na direção transversal aos seus eixos, em suas extremidades. Como na estrutura em consideração as vigas são infinitamente rígidas, as colunas são consideradas como barras bi-engastadas, logo:

Rigidez do primeiro andar:

$$k_1 = 2 \cdot \frac{12EI_1}{h^3} = 2 \cdot \frac{12 \cdot 2.05 \cdot 10^{11} \cdot 8581 \cdot 10^{-8}}{3^3} = 1,5636 \cdot 10^7 \, N/m$$

Rigidez do segundo andar:

$$k_2 = 2 \cdot \frac{12EI_2}{h^3} = 2 \cdot \frac{12 \cdot 2.05 \cdot 10^{11} \cdot 7158 \cdot 10^{-8}}{3^3} = 1,3043 \cdot 10^7 \, N/m$$

Rigidez do terceiro andar:

$$k_3 = 2 \cdot \frac{12EI_3}{h^3} = 2 \cdot \frac{12 \cdot 2.05 \cdot 10^{11} \cdot 2611 \cdot 10^{-8}}{3^3} = 4,7578 \cdot 10^6 \, N/m$$

Tem-se a matriz de rigidez:

$$\underset{\sim}{K} = \begin{bmatrix} 2,8679 \cdot 10^7 & -1,3043 \cdot 10^7 & 0 \\ -1,3043 \cdot 10^7 & 1,7801 \cdot 10^7 & -4,7578 \cdot 10^6 \\ 0 & -4,7578 \cdot 10^6 & 4,7578 \cdot 10^6 \end{bmatrix}$$

Para a matriz de massa, tem-se:

$$M = \begin{bmatrix} 60000 & 0 & 0 \\ 0 & 60000 & 0 \\ 0 & 0 & 30000 \end{bmatrix}$$

Substituindo e na Equação 3.13 obtém-se as freqüências circulares naturais a seguir:

$$\omega_n = \begin{Bmatrix} 7,6457 \\ 15,6025 \\ 25,1274 \end{Bmatrix} \text{ (rad/s)}$$

Substituindo a primeira freqüência na Equação 3.12 obtém-se:

$$\begin{bmatrix} 2,822121 \cdot 10^7 & -1,304347 \cdot 10^7 & 0,0 \\ -1,304347 \cdot 10^7 & 1,734255 \cdot 10^7 & -4,757822 \cdot 10^6 \\ 0,0 & -4,757822 \cdot 10^6 & 4,528452 \cdot 10^6 \end{bmatrix} \begin{Bmatrix} \phi_{1,1} \\ \phi_{2,1} \\ \phi_{3,1} \end{Bmatrix} = \begin{Bmatrix} 0,0 \\ 0,0 \\ 0,0 \end{Bmatrix}$$

Atribuindo valor unitário para obtém-se para o primeiro auto-vetor:

$$\begin{Bmatrix} \phi_{1,1} \\ \phi_{2,1} \\ \phi_{3,1} \end{Bmatrix} = \begin{Bmatrix} 1,0 \\ 1,92990 \\ 3,05650 \end{Bmatrix}$$

Adotando-se o mesmo procedimento para as outras freqüências naturais obtém-se finalmente a matriz modal dada por:

$$\Phi = \begin{bmatrix} 1,0 & 1,0 & 1,0 \\ 1,92990 & 1,07899 & -0,70559 \\ 3,05650 & -2,01690 & 0,23668 \end{bmatrix}$$

Na Figura 3.2 encontra-se a representação esquemática dos modos de vibração calculados.

Sistemas de Múltiplos Graus de Liberdade ☐ 63

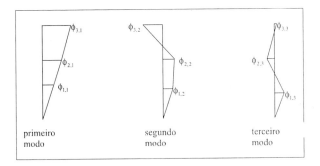

Figura 3.2 – Representação esquemática dos modos de vibração.

Como a matriz de massa é diagonal a Equação 3.14 simplifica-se para:

$$\phi_{i,j} = \frac{\bar{\phi}_{i,j}}{\sqrt{\sum M_{i,i}\,\bar{\phi}_{i,j}^{\,2}}}$$

Logo, a matriz modal normalizada em relação à matriz de massa fica como:

$$\underset{\sim}{\Phi} = \begin{bmatrix} 1{,}33187 \cdot 10^{-3} & -1{,}99249 \cdot 10^{-3} & 3{,}30496 \cdot 10^{-3} \\ 2{,}57037 \cdot 10^{-3} & -2{,}14986 \cdot 10^{-3} & -2{,}33194 \cdot 10^{-3} \\ 4{,}07086 \cdot 10^{-3} & 4{,}01865 \cdot 10^{-3} & 7{,}82227 \cdot 10^{-4} \end{bmatrix}$$

3.3.1.2. Ortogonalidade dos Modos de Vibração

Os modos de vibração apresentam uma propriedade muito importante para a solução de problemas de dinâmica. Esta propriedade, chamada de *ortogonalidade dos modos de vibração*, é base do *método da superposição modal*, um dos mais utilizados métodos de solução de problemas dinâmicos. Para demonstrar a ortogonalidade, considerem-se dois modos de vibração $\underset{\sim}{\phi}_i$ e $\underset{\sim}{\phi}_j$, e as suas correspondentes freqüências circulares naturais ω_{n_i} e ω_{n_j}, para os quais, segundo a Equação 3.11, tem-se:

64 ❑ Análise Dinâmica das Estruturas

$$\omega_{n_i}^2 \underset{\sim}{M} \underset{\sim}{\phi}_i = \underset{\sim}{K} \underset{\sim}{\phi}_i \qquad \text{(Equação 3.18a)}$$

$$\omega_{n_j}^2 \underset{\sim}{M} \underset{\sim}{\phi}_j = \underset{\sim}{K} \underset{\sim}{\phi}_j \qquad \text{(Equação 3.18b)}$$

Pré-multiplicando ambos os termos das equações 3.18a e 3.18b respectivamente por $\underset{\sim}{\phi}_j^T$ e $\underset{\sim}{\phi}_i^T$ obtém-se:

$$\omega_{n_i}^2 \underset{\sim}{\phi}_j^T \underset{\sim}{M} \underset{\sim}{\phi}_i = \underset{\sim}{\phi}_j^T \underset{\sim}{K} \underset{\sim}{\phi}_i \qquad \text{(Equação 3.19a)}$$

$$\omega_{n_j}^2 \underset{\sim}{\phi}_i^T \underset{\sim}{M} \underset{\sim}{\phi}_j = \underset{\sim}{\phi}_i^T \underset{\sim}{K} \underset{\sim}{\phi}_j \qquad \text{(Equação 3.19b)}$$

Como as matrizes $\underset{\sim}{K}$ e $\underset{\sim}{M}$ são simétricas, pode-se escrever que $\underset{\sim}{\phi}_i^T \underset{\sim}{K} \underset{\sim}{\phi}_j = \underset{\sim}{\phi}_j^T \underset{\sim}{K} \underset{\sim}{\phi}_i$ e $\underset{\sim}{\phi}_i^T \underset{\sim}{M} \underset{\sim}{\phi}_j = \underset{\sim}{\phi}_j^T \underset{\sim}{M} \underset{\sim}{\phi}_i$, logo:

$$(\omega_{n_i}^2 - \omega_{n_j}^2) \underset{\sim}{\phi}_j^T \underset{\sim}{M} \underset{\sim}{\phi}_i = 0 \qquad \text{(Equação 3.20)}$$

O que para $\omega_{n_i} \neq \omega_{n_j}$ implica:

$$\underset{\sim}{\phi}_j^T \underset{\sim}{M} \underset{\sim}{\phi}_i = 0 \qquad \text{(Equação 3.21)}$$

Substituindo a Equação 3.21 na 3.19a obtém-se:

$$\underset{\sim}{\phi}_j^T \underset{\sim}{K} \underset{\sim}{\phi}_i = 0 \qquad \text{(Equação 3.22)}$$

As Equações 3.21 e 3.22 indicam que os modos de vibração $\underset{\sim}{\phi}_j$ e $\underset{\sim}{\phi}_i$ são ortogonais entre si, com relação às matrizes de massa e rigidez, respectivamente. Para os produtos expressos pelas referidas equações não são nulos. Caso os autovetores tenham sido normalizados em relação à matriz de massa, conforme a Equação 3.14, tem-se:

$\phi_j^T M \phi_j = 1$ (Equação 3.23a)

$\phi_j^T K \phi_j = \omega_{n_j}^2$ (Equação 3.23b)

Escrevendo-se as Equações 3.23 para todo o conjunto de autovetores e sendo I a matriz identidade, tem-se:

$\Phi^T M \Phi = I$ (Equação 3.24a)

$\Phi^T K \Phi = \lambda$ (Equação 3.24b)

As duas condições de ortogonalidade dadas pelas Equações 3.24 foram estabelecidas para a condição de freqüências distintas, isto é $\omega_{n_i} \neq \omega_{n_j}$. Entretanto pode acontecer que o valor numérico da freqüência se repita p vezes, com p modos de vibração distintos. Estes modos serão ortogonais aos demais, mas não necessariamente ortogonais entre si. Pode ser demonstrado que a ortogonalidade mútua entre aqueles p modos é garantida se as matrizes associadas ao problema de autovalor forem reais e simétricas, que é o caso das matrizes K e M. Portanto, as condições de ortogonalidade dadas pelas Equações 3.24 continuam válidas mesmo na existência de freqüências repetidas.

Sugere-se que o leitor verifique a ortogonalidade dos modos de vibração calculados no Exemplo 3.1.

3.3.1.3. Resposta em Vibração Livre – Análise Modal

Os autovetores formam um conjunto de vetores linearmente independentes, constituindo uma base de um espaço com dimensão N. Qualquer outro vetor pertencente a este espaço pode ser representado por uma combinação linear daqueles vetores. Assim, os deslocamentos do sistema podem ser obtidos pela combinação linear dos modos de vibração ou autovetores. Esta propriedade é utilizada no procedimento que é chamado de *método da superposição modal* ou *análise modal*. A aplicação deste método é restrita a estruturas com comportamento linear, por estar fundamentada no princípio da superposição dos efeitos. Seja, por exemplo, o deslocamento $d_i(t)$ na direção da coordenada i, o qual com o auxílio das Equações 3.8 e 3.9 pode ser escrito como:

$$d_i = \sum_{j=1}^{N} \phi_{i,j}[A_j \cos(\omega_{n_j} t) + B_j \sin(\omega_{n_j} t)] = \sum_{j=1}^{N} \phi_{i,j} q_j(t) \qquad \text{(Equação 3.25)}$$

As funções escalares $q_j(t)$ são chamadas de *coordenadas modais*. Para a determinação das constantes A_j e B_j são necessárias 2N condições iniciais, usualmente deslocamentos e velocidades em $t = 0$, com as quais se escreve:

$$d_i(0) = \sum_{j=1}^{N} \phi_{i,j} A_j = \sum_{j=1}^{N} \phi_{i,j} q_j(0) \qquad \text{(Equação 3.26)}$$

$$\dot{d}_i(0) = \sum_{j=1}^{N} \phi_{i,j} \omega_{n_j} B_j = \sum_{j=1}^{N} \phi_{i,j} \dot{q}_j(0) \qquad \text{(Equação 3.27)}$$

Em que $A_j = q_j(0)$ e $B_j = \dfrac{\dot{q}_j(0)}{\omega_{n_j}}$. Escrevendo-se as Equações 3.25, 3.26 e 3.27 na forma matricial considerando-se todas as coordenadas, têm-se:

$$\underline{d} = \Phi \underline{q}(t) \qquad \text{(Equação 3.28)}$$

$$\underline{d}(0) = \Phi \underline{q}(0) \qquad \text{(Equação 3.29)}$$

$$\underline{\dot{d}}(0) = \Phi \underline{\dot{q}}(0) \qquad \text{(Equação 3.30)}$$

Pré-multiplicando as Equações 3.29 e 3.30 por $\Phi^T M$ obtém-se os valores das funções escalares e suas derivadas primeiras no início do movimento, ou seja:

$$\underline{q}(0) = (\Phi^T M \Phi)^{-1} \Phi^T M \underline{d}(0) \,] \qquad \text{(Equação 3.31)}$$

$$\underline{\dot{q}}(0) = (\Phi^T M \Phi)^{-1} \Phi^T M \underline{\dot{d}}(0) \qquad \text{(Equação 3.32)}$$

O produto matricial $(\Phi^T M \Phi)$, devido à ortogonalidade dos modos de vibração, resulta em uma matriz diagonal, o que torna fácil sua inversão. Se os modos de vibração forem normalizados em relação à matriz de massa, conforme a Equação 3.14, o referido produto resulta na matriz identidade, o que permite escrever:

$$q(0) = \Phi^T M d(0) \qquad \text{(Equação 3.33)}$$

$$\dot{q}(0) = \Phi^T M \dot{d}(0) \qquad \text{(Equação 3.34)}$$

Determinados os valores para $q(0)$ e $\dot{q}(0)$ os deslocamentos podem ser calculados pelas Equações 3.25 ou 3.28, as quais por derivação também fornecem as velocidades e acelerações.

Exemplo 3.2: Considerando que ao pórtico do Exemplo 3.1 sejam impostas as condições iniciais $d(0)^T = [0,01 \ -0,02 \ 0,03]$ m e $\dot{d}(0)^T = [0,0 \ 0,0 \ 0,0]$, determinar as equações para os deslocamentos em vibração livre.

Solução:

Substituindo as matrizes modal e de massa calculadas no Exemplo 3.1 nas Equações 3.33 e 3.34 obtém-se:

$$q(0) = \begin{Bmatrix} 1,37845 \\ 5,00112 \\ 5,48530 \end{Bmatrix} \quad \text{e} \quad \dot{q}(0) = \begin{Bmatrix} 0,0 \\ 0,0 \\ 0,0 \end{Bmatrix}$$

E finalmente com auxílio da Equação 3.28:

$$\begin{Bmatrix} d_1 \\ d_2 \\ d_3 \end{Bmatrix} = \begin{bmatrix} 1,33187 \cdot 10^{-3} & -1,99249 \cdot 10^{-3} & 3,30496 \cdot 10^{-3} \\ 2,57037 \cdot 10^{-3} & -2,14986 \cdot 10^{-3} & -2,33194 \cdot 10^{-3} \\ 4,07086 \cdot 10^{-3} & 4,01865 \cdot 10^{-3} & 7,82227 \cdot 10^{-4} \end{bmatrix} \begin{Bmatrix} 1,37845 \cos(7,6456t) \\ 5,00112 \cos(15,6025t) \\ 5,48530 \cos(21,1274t) \end{Bmatrix}$$

Nas Figuras E3.1, E3.2 e E3.3 encontram-se os históricos no tempo dos deslocamentos, velocidades e acelerações para o andar 2 nas condições do Exemplo 3.1.

68 ◻ Análise Dinâmica das Estruturas

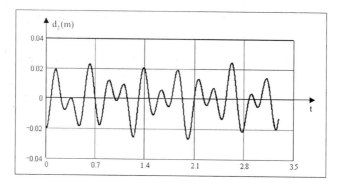

Figura E3.1

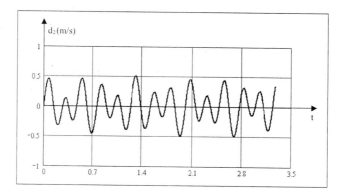

Figura E3.2

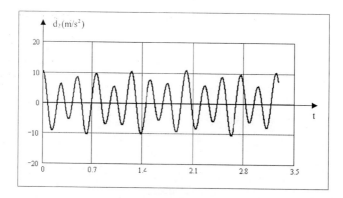

Figura E3.3

Exemplo 3.3: Idêntico ao Exemplo 3.2, considerando as condições iniciais de $d(0)^T = 10^{-3} \cdot [1,99249 \quad 2,14986 \quad -4,01865]$ m e $\dot{d}(0)^T = [0,0 \quad 0,0 \quad 0,0]$.

Solução:

Substituindo as matrizes modal e de massa calculadas no Exemplo 3.1 nas equações 3.33 e 3.34 obtém-se:

$$q(0) = \begin{Bmatrix} 0,0 \\ -1,0 \\ 0,0 \end{Bmatrix} \quad \text{e} \quad \dot{q}(0) = \begin{Bmatrix} 0,0 \\ 0,0 \\ 0,0 \end{Bmatrix}$$

O que permite escrever:

$$\begin{Bmatrix} d_1 \\ d_2 \\ d_3 \end{Bmatrix} = \begin{bmatrix} 1,33187 \cdot 10^{-3} & -1,99249 \cdot 10^{-3} & 3,30496 \cdot 10^{-3} \\ 2,57037 \cdot 10^{-3} & -2,14986 \cdot 10^{-3} & -2,33194 \cdot 10^{-3} \\ 4,07086 \cdot 10^{-3} & 4,01865 \cdot 10^{-3} & 7,82227 \cdot 10^{-4} \end{bmatrix} \begin{Bmatrix} 0,0 \\ -\cos(15,6025t) \\ 0,0 \end{Bmatrix}.$$

Verifica-se que apenas o segundo modo contribui para os deslocamentos finais. Isto se deve ao fato do vetor de deslocamentos iniciais ser proporcional a àquele modo de vibração (compare o vetor $d(0)$ com o segundo modo de vibração).

3.3.2. Vibração Forçada – Análise Modal

Considerando a situação de vibração forçada tem-se o sistema de equações do movimento como:

$$M\ddot{d} + Kd = f(t) \quad \text{(Equação 3.35)}$$

No Sistema 3.35 as equações não podem ser resolvidas independentemente, pois constituem um conjunto de equações dependentes ou acopladas.

Para a estrutura mostrada na Figura 3.1, por exemplo, desconsiderando o amortecimento, verifica-se pela Equação 3.3 que o acoplamento deve-se à existência de termos não nulos fora da diagonal principal da matriz de rigidez. Quando isto ocorre diz-se que o acoplamento é elástico. Em situações mais gerais, conforme será visto mais tarde, também a matriz de massa pode apresentar termos não nulos fora da diagonal principal, dizendo-se então que o acoplamento é de inércia.

A exemplo do que foi feito para a vibração livre, a resposta em vibração forçada pode ser escrita através de uma combinação ou superposição dos modos de vibração, conforme a Equação 3.7 ou a 3.28 na forma matricial, com a diferença de que as funções $q_j(t)$ podem ser funções arbitrárias no tempo, não sendo necessariamente harmônicas.

Substituindo a Equação 3.28 e sua derivada segunda na Equação 3.35 e pré-multiplicando por Φ^T obtém-se:

$$\Phi^T M \Phi \ddot{q}(t) + \Phi^T K \Phi q(t) = \Phi^T f(t) \qquad \text{(Equação 3.36a)}$$

Ou utilizando a Equação 3.17:

$$\ddot{q}(t) + \lambda q(t) = (\Phi^T M \Phi)^{-1} P(t) \qquad \text{(Equação 3.36b)}$$

Onde $P(t)$ é o vetor de força generalizada ou vetor força modal, dado por:

$$P(t) = \Phi^T f(t) \qquad \text{(Equação 3.37)}$$

Particularizando a Equação 3.36b para o modo de vibração j e definindo a grandeza M_j, massa generalizada, correspondente ao modo j, como $M_j = \phi_j^T M \phi_j$, escreve-se:

$$\ddot{q}_j(t) + \omega_{n_j}^2 q_j(t) = \frac{P_j(t)}{M_j} \qquad \text{(Equação 3.38)}$$

Se os modos estiverem normalizados segundo a matriz de massa, conforme a Equação 3.14, como conseqüência da ortogonalidade entre eles, de acordo com a Equação 3.24, a Equação 3.38 pode ser reescrita como:

$$\ddot{q}_j(t) + \omega_{n_j}^2 q_j(t) = P_j(t) \qquad \text{(Equação 3.39)}$$

Verifica-se que a Equação 3.39 é uma equação diferencial de segunda ordem de uma única variável. Portanto, o sistema de equações representado pelas Equações 3.36 é constituído por um conjunto de N equações diferenciais desacopladas, nas coordenadas modais, que podem ser resolvidas uma a uma, utilizando-se as técnicas apresentadas no Capítulo 1. Nas referidas coordenadas modais, o problema é então constituído por um conjunto de N sistemas de um único grau de liberdade. Obtida a solução em termos das coordenadas modais $q(t)$, é necessário retornar para as coordenadas físicas d, quando então o acoplamento entre as equações (graus de liberdade) é restabelecido, o que é feito com a utilização da Equação 3.28.

Exemplo 3.4: Considere que a estrutura do Exemplo 3.1 seja excitada por uma força horizontal $f_3(t) = 10^4 \sin(15t)$ em Newtons, ao nível do terceiro andar. Determine a resposta da estrutura em regime permanente.

Solução:

Da solução do Exemplo 3.1 obtém-se:

$$\underline{\omega}_n = \begin{Bmatrix} 7{,}6457 \\ 15{,}6025 \\ 25{,}1274 \end{Bmatrix} \text{ (rad/s)},$$

$$\underline{\Phi} = \begin{bmatrix} 1{,}33187 \cdot 10^{-3} & -1{,}99249 \cdot 10^{-3} & 3{,}30496 \cdot 10^{-3} \\ 2{,}57037 \cdot 10^{-3} & -2{,}14986 \cdot 10^{-3} & -2{,}33194 \cdot 10^{-3} \\ 4{,}07086 \cdot 10^{-3} & 4{,}01865 \cdot 10^{-3} & 7{,}82227 \cdot 10^{-4} \end{bmatrix}$$

Vetor de forças aplicadas:

$$f(t) = \begin{Bmatrix} 0,0 \\ 0,0 \\ 10^4 \sin(15t) \end{Bmatrix} \text{ (Newtons)}$$

O vetor de forças modais é determinado com auxílio da Equação 3.37:

$$P(t) = \Phi^T f(t) = \begin{Bmatrix} 40,7086 \\ 40,1865 \\ 7,8223 \end{Bmatrix} \sin(15t)$$

O sistema de equações diferenciais desacopladas, em coordenadas modais, é obtido com a Equação 3.39:

$$\begin{Bmatrix} \ddot{q}_1(t) \\ \ddot{q}_2(t) \\ \ddot{q}_3(t) \end{Bmatrix} + \begin{Bmatrix} 58,4566 q_1(t) \\ 243,4374 q_2(t) \\ 631,3875 q_3(t) \end{Bmatrix} = \begin{Bmatrix} 40,7086 \\ 40,1865 \\ 7,8223 \end{Bmatrix} \sin(15t)$$

As equações acima são do tipo $m\ddot{x}(t) + kx(t) = F_0 \sin(\omega t)$, cuja solução foi apresentada no Capítulo 1. A resposta permanente é dada por $x_p(t) = \dfrac{F_0}{k(1-r^2)} \sin(\omega t)$. Neste caso, F_0 corresponde às amplitudes dos diversos termos do vetor $P(t)$ e k corresponde aos diversos valores de $M_j \omega_{n_j}^2$. Logo, aplicando estes valores às equações modais, tem-se:

$$\begin{Bmatrix} q_1(t) \\ q_2(t) \\ q_3(t) \end{Bmatrix} = \begin{Bmatrix} -2,4443 \cdot 10^{-1} \\ 2,1796 \\ 1,9248 \cdot 10^{-2} \end{Bmatrix} \sin(15t)$$

Para se retornar para as coordenadas físicas utiliza-se a Equação 3.28:

$$\begin{Bmatrix} d_1 \\ d_2 \\ d_3 \end{Bmatrix} = \begin{Bmatrix} -4,6048 \cdot 10^{-3} \\ -5,3590 \cdot 10^{-3} \\ 7,7791 \cdot 10^{-3} \end{Bmatrix} \sin(15t) \quad \text{(metros)}$$

Exemplo 3.5: Idêntico ao Exemplo 3.4 considerando as forças:

$$\underset{\sim}{f}(t) = \begin{Bmatrix} 0,0 \\ 10^4 \sin(25t) \\ 10^4 \sin(5t) \end{Bmatrix} \quad \text{(Newtons)}$$

Vetor de forças modais:

$$\underset{\sim}{P}(t) = \begin{Bmatrix} 25,7037 \\ -21,4986 \\ -23,3194 \end{Bmatrix} \sin(25t) + \begin{Bmatrix} 40,7086 \\ -40,1865 \\ 7,8223 \end{Bmatrix} \sin(5t)$$

Resolvendo-se as equações modais para cada uma das forças isoladamente e superpondo os resultados, tem-se:

$$\begin{Bmatrix} q_1(t) \\ q_2(t) \\ q_3(t) \end{Bmatrix} = \begin{Bmatrix} -4,5369 \cdot 10^{-2} \\ 5,6344 \cdot 10^{-2} \\ -3,6508 \end{Bmatrix} \sin(25t) + \begin{Bmatrix} -1,2168 \\ 1,8397 \cdot 10^{-1} \\ 1,2900 \cdot 10^{-2} \end{Bmatrix} \sin(5t)$$

Retornando para as coordenadas físicas obtêm-se os deslocamentos finais:

$$\begin{Bmatrix} d_1 \\ d_2 \\ d_3 \end{Bmatrix} = \begin{Bmatrix} -12,2384 \cdot 10^{-3} \\ 8,2757 \cdot 10^{-3} \\ -2,8140 \cdot 10^{-3} \end{Bmatrix} \sin(25t) + \begin{Bmatrix} 1,2966 \cdot 10^{-3} \\ 2,7019 \cdot 10^{-3} \\ 5,7027 \cdot 10^{-3} \end{Bmatrix} \sin(5t) \quad \text{(metros)}$$

Na Figura E3.4 encontra-se o histórico no tempo dos deslocamentos do andar 3.

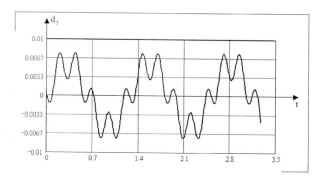

Figura E3.4

3.3.2.1. Fatores de Participação Modal

É admitido que na Equação 3.35, o vetor de forças $\underset{\sim}{f}(t)$ possa ser definido através do produto de uma função escalar variando no tempo $\bar{f}(t)$, vezes um vetor $\underset{\sim}{s}$ que expressa a variação espacial das forças:

$$\underset{\sim}{f}(t) = \underset{\sim}{s}\,\bar{f}(t) \qquad \text{(Equação 3.40)}$$

A força generalizada, obtida a partir da Equação 3.37, particularizada para o modo de vibração j, torna-se:

$$P_j(t) = \underset{\sim j}{\phi}^T\,\underset{\sim}{s}\,\bar{f}(t) \qquad \text{(Equação 3.41)}$$

No caso particular deste carregamento, a solução dada pela Equação 3.39, assume a mesma forma para todas as componentes modais:

$$\ddot{q}_j(t) + \omega_{n_j}^{\,2} q_j(t) = \frac{\underset{\sim j}{\phi}^T\,\underset{\sim}{s}}{\bar{M}_j}\,\bar{f}(t) \qquad \text{(Equação 3.42)}$$

Que pode ser reescrito na forma:

$$\ddot{q}_j(t) + \omega_{n_j}^{2} q_j(t) = \Gamma_j \bar{f}(t) \qquad \text{(Equação 3.43)}$$

Os fatores Γ_j, definidos desta forma, são chamados de *fatores de participação modal*. O vetor $\underline{\Gamma}$ reúne todos os fatores Γ_j, e é dado por:

$$\underline{\Gamma} = \bar{\underline{M}}^{-1} \underline{\Phi}^T \underline{s} \qquad \text{(Equação 3.44)}$$

Na Equação 3.42, as massas generalizadas $\bar{M}_j$, correspondentes a cada modo de vibração j são dadas por:

$$\bar{M}_j = \underline{\phi}_j^T \underline{M} \underline{\phi}_j \qquad \text{(Equação 3.45)}$$

Estas massas generalizadas são grupadas na matriz $\bar{\underline{M}}$, dada pelo produto matricial abaixo:

$$\bar{\underline{M}} = (\underline{\Phi}^T \underline{M} \underline{\Phi}) \qquad \text{(Equação 3.46)}$$

Devido à ortogonalidade dos modos de vibração, esta matriz é diagonal, e é chamada de *matriz de massa generalizada* ou *matriz de massa modal.*.

Escrevendo-se o vetor $\underline{s}$ em termos dos fatores de participação modal tem-se:

$$\underline{s} = \underline{M} \underline{\Phi} \underline{\Gamma} \qquad \text{(Equação 3.47)}$$

As contribuições individuais de cada modo na distribuição espacial da força são obtidas fazendo a expansão:

$$\underline{s}_N = \underline{M} \underline{\Phi} \bar{\underline{\Gamma}} \qquad \text{(Equação 3.48)}$$

Em que $\overline{\Gamma}$ é uma matriz diagonal contendo os fatores de participação modal. O procedimento que é expresso pela Equação 3.48 é conhecido como *expansão modal do vetor de força*. Se os modos de vibração estiverem normalizados em relação à matriz de massa, a Equação 3.44 simplifica-se para:

$$\underset{\sim}{\Gamma} = \underset{\sim}{\Phi}^T \underset{\sim}{s} \qquad \text{(Equação 3.49)}$$

Exemplo 3.6: Fazer a expansão modal para o problema apresentado no Exemplo 3.4.

Solução:

Do Exemplo 3.4:

$$\underset{\sim}{f}(t) = \begin{Bmatrix} 0 \\ 0 \\ 10^4 \end{Bmatrix} \sin(15t) \; ; \; \underset{\sim}{s} = \begin{Bmatrix} 0 \\ 0 \\ 10^4 \end{Bmatrix} \; ; \; \overline{f}(t) = \sin(15t)$$

Com a Equação 3.44, usando a matriz de massa e modos de vibração calculados no Exemplo 3.1, obtém-se:

$$\underset{\sim}{\Gamma} = \begin{Bmatrix} 40,7086 \\ 40,1865 \\ 7,8223 \end{Bmatrix} \quad \text{e} \quad \underset{\sim}{\overline{\Gamma}} = \begin{bmatrix} 40,7086 & 0 & 0 \\ 0 & 40,1865 & 0 \\ 0 & 0 & 7,8223 \end{bmatrix}$$

Da Equação 3.48 tem-se:

$$\underset{\sim N}{s} = 10 \cdot^3 \begin{bmatrix} 3,2531 & -4,8043 & 1,5512 \\ 6,2782 & -5,1837 & -1,0945 \\ 4,9716 & 4,8449 & 0,1835 \end{bmatrix}$$

Na Figura E3.5 encontram-se as representações gráficas das contribuições modais no vetor de força.

Sistemas de Múltiplos Graus de Liberdade ☐ 77

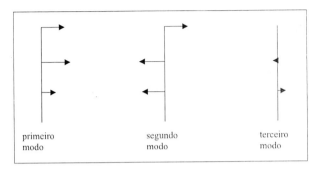

Figura E3.5

A coluna de ordem j da matriz $\underset{\sim}{S}_N$ representa a contribuição do j-ésimo modo de vibração no vetor de força $\underset{\sim}{f}(t)$, e caracteriza-se por produzir resposta apenas segundo o modo j, o que pode ser comprovado considerando o vetor $\underset{\sim}{s}$ igual à coluna j da matriz $\underset{\sim}{S}_N$, assim:

$$\underset{\sim}{f}(t) = \underset{\sim N_j}{s}\, \bar{f}(t) = \Gamma_j M \underset{\sim}{\phi}_j\, \bar{f}(t) \qquad \text{(Equação 3.50)}$$

Substituindo a Equação 3.50 na Equação 3.42 e esta última na 3.37 tem-se:

$$\underset{\sim}{P}(t) = \Gamma_j \underset{\sim}{\Phi}^T M \underset{\sim}{\phi}_j\, \bar{f}(t) \qquad \text{(Equação 3.51)}$$

Devido à ortogonalidade dos modos de vibração, apenas a componente $P_j(t)$ é diferente de zero, e, portanto a única coordenada modal não nula é $q_j(t)$. Logo, a resposta é completamente representada pelo modo j.

Considerando a carga definida pela Equação 3.40, a equação modal para a coordenada j, obtida por substituição da Equação 3.51, particularizada para a referida coordenada, na Equação 3.39, é representada na Equação 3.43 e reproduzida a seguir:

$$\ddot{q}_j(t) + \omega_{n_j}^{\;2} q_j(t) = \Gamma_j \bar{f}(t) \qquad \text{(Equação 3.52)}$$

Fazendo a transformação de coordenadas:

$$q_j(t) = \Gamma_j z_j(t) \qquad \text{(Equação 3.53)}$$

A Equação 3.52 pode ser reescrita como:

$$\ddot{z}_j(t) + \omega_{n_j}^{\,2} z_j(t) = \bar{f}(t) \qquad \text{(Equação 3.54)}$$

A Equação 3.54 é similar à equação diferencial do movimento de um SGL, e, portanto, os mesmos métodos de solução apresentados no Capítulo 1 podem ser utilizados em sua solução.

Com o auxílio da Equação 3.28 escrevem-se as contribuições do modo j no deslocamento total:

$$\underset{\sim}{d}_{N_j} = \Gamma_j \, \underset{\sim}{\phi}_j \, z_j(t) \qquad \text{(Equação 3.55)}$$

Pode-se determinar a força que aplicada estaticamente ao sistema produz um deslocamento estático de mesma magnitude que o deslocamento dinâmico $\underset{\sim}{d}_{N_j}$ no instante t. Chamando de $\underset{\sim}{f}_{N_j}(t)$ àquela força, tem-se que:

$$\underset{\sim}{f}_{N_j}(t) = K \, \underset{\sim}{d}_{N_j} \qquad \text{(Equação 3.56)}$$

Com auxílio das Equações 3.55 e 3.18 escreve-se:

$$\underset{\sim}{f}_{N_j}(t) = \omega_{n_j}^{\,2} \Gamma_j \, M \, \underset{\sim}{\phi}_j \, z_j(t) \qquad \text{(Equação 3.57)}$$

Da Equação 3.48 tem-se que $\underset{\sim}{s}_{N_j} = \Gamma_j \, M \, \underset{\sim}{\phi}_j$, logo:

$$\underset{\sim}{f}_{N_j}(t) = \underset{\sim}{s}_{N_j} [\omega_{n_j}^{\,2} z_j(t)] \qquad \text{(Equação 3.58)}$$

Portanto a contribuição do modo j na resposta do sistema no instante t, é obtida considerando um carregamento estático definido pela força $\underset{\sim}{f}_{N_j}(t)$. Sendo $E_j(t)$ a contribuição do modo j em um efeito qualquer (deslocamento, reação de apoio, força cortante,etc.) devido à força $f_{\sim N_j}(t)$, e E_{N_j}, chamada de *resposta estática modal*, o valor E_j devido à carga estática $\underset{\sim}{S}_{N_j}$, tem-se que:

$$E_j(t) = E_{N_j}[\omega_{n_j}^{2} z_j(t)] \qquad \text{(Equação 3.59)}$$

A Equação 3.59 indica que o efeito dinâmico $E_j(t)$, pode ser obtido pela multiplicação do efeito estático devido à força $\underset{\sim}{S}_{N_j}$ pela resposta dinâmica do j-ésimo SGL excitado pela força $\bar{f}(t)$, de acordo com a Equação 3.54. Finalmente considerando-se todos os modos tem-se para o efeito total E(t):

$$E(t) = \sum_{j=1}^{N} E_j(t) = \sum_{j=1}^{N} E_{N_j}[\omega_{n_j}^{2} z_j(t)] \qquad \text{(Equação 3.60)}$$

Sendo E_s o efeito estático da força $\underset{\sim}{s}$, ver Equação 3.42, a Equação 3.59 pode ser reescrita como:

$$E_j(t) = E_s \, \bar{E}_{N_j}[\omega_{n_j}^{2} z_j(t)] \qquad \text{(Equação 3.61)}$$

Onde o *fator de contribuição modal* $\bar{E}_{N_j}$ é dado por:

$$\bar{E}_{N_j} = \frac{E_{N_j}}{E_s} \qquad \text{(Equação 3.62)}$$

Tendo em vista as Equações 3.47 e 3.48 verifica-se que:

$$\sum_{j=1}^{N} \bar{E}_{N_j} = 1 \qquad \text{(Equação 3.63)}$$

A Equação 3.63 pode ser utilizada para a estimativa do número de modos a ser considerado no cálculo da resposta dinâmica desejada. Este procedimento é usual em sistema com muitos graus de liberdade, especialmente quando o carregamento tem uma faixa de freqüências bem distribuída o que é o caso, normalmente, das análises sísmicas. Com a consideração de todos os modos, a Equação 3.63 se verifica e o erro se anula. Portanto na consideração de um número de modos J menor que o número total de modos, o erro é calculado como:

$$e = \left|1 - \sum_{j=1}^{J} \bar{E}_{N_j}\right|$$ (Equação 3.64)

Exemplo 3.7: Considerando o Exemplo 3.6, avaliar os erros no valor calculado para a força horizontal total na base, quando da consideração de 1, 2 e 3 modos no cálculo, em um problema em que o carregamento tem uma faixa bem distribuída de freqüências.

Solução:

A contribuição de cada modo para a força horizontal total na base é dada por:

$$E_{N_j} = \sum_{i=1}^{N} S_{N_{i,j}}$$ (Equação 3.65)

A força horizontal total é $E_s = 10^4 \text{kN}$, utilizando os resultados do Exemplo 3.6 obtém-se a solução mostrada na Tabela E3.1.

Modo j	E_{N_j}	$\bar{E}_{N_j}$	$\sum_{j=1}^{N} \bar{E}_{N_j}$	$e = \left\|1 - \sum_{j=1}^{N} \bar{E}_{N_j}\right\|$
1	$14{,}5029 \cdot 10^3$	1,450	1,450	0,450
2	$-5{,}1431 \cdot 10^3$	−0,514	0,936	0,064
3	$0{,}6402 \cdot 10^3$	0,064	1,000	0,0

Tabela E3.1

3.3.3. Movimentação da Base – Análise Modal

Considere a situação mostrada na Figura 3.3a, onde a base de um pórtico experimenta um movimento caracterizado por $d_b(t)$, $\dot{d}_b(t)$ e $\ddot{d}_b(t)$, respectivamente deslocamento, velocidade e aceleração atuantes na base. Este é o modelo básico adotado na análise dos efeitos produzidos nas estruturas por sismos ou terremotos. Na determinação das forças elásticas e de amortecimento interessam os deslocamentos relativos entre andares. Os deslocamentos dos andares em relação ao da base podem ser escritos como:

$$\underline{u} = \underline{d} - \{1\}d_b \qquad \text{(Equação 3.66)}$$

Onde $\underline{u}$ é o vetor de deslocamentos relativos à base e $\{1\}$ é um vetor de ordem N com todos os termos iguais a um. Na Equação 3.66, por simplicidade, foi omitida a indicação do tempo. Ainda considerando a Equação 3.66, escreve-se:

$$\underline{\dot{u}} = \underline{\dot{d}} - \{1\}\dot{d}_b \qquad \text{(Equação 3.67)}$$

$$\underline{\ddot{u}} = \underline{\ddot{d}} - \{1\}\ddot{d}_b \qquad \text{(Equação 3.68)}$$

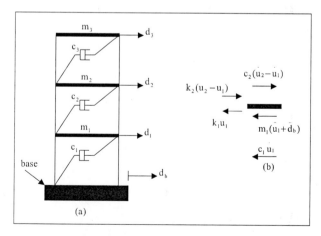

Figura 3.3 – Movimentação da base.

Com o DCL mostrado na Figura 3.3b obtém-se as equações de equilíbrio dinâmico. Por exemplo, para a massa m_1:

$$m_1(\ddot{u}_1 + \ddot{d}_b) + (c_1 + c_2)\dot{u}_1 - c_2\dot{u}_2 + (k_1 + k_2)u_1 - k_2 u_2 = 0 \quad \text{(Equação 3.69)}$$

Generalizando para todas as massas e considerando, a princípio, o sistema sem amortecimento, esta equação pode ser reescrita como:

$$\underset{\sim}{M}\ddot{u} + \underset{\sim}{K}d = -\underset{\sim}{M}\{1\}\ddot{u}_b \quad \text{(Equação 3.70)}$$

Comparando a Equação 3.70 com a 3.35 verifica-se que o deslocamento da base pode ser estudado como sendo uma vibração forçada provocada por forças fictícias, também chamadas de forças efetivas, dadas por:

$$\underset{\sim}{f}_{EFET} = -\underset{\sim}{M}\{1\}\ddot{d}_b \quad \text{(Equação 3.71)}$$

Observe-se que as soluções para o problema são neste caso obtidas em termos dos deslocamentos relativos à base, $\underset{\sim}{u}$. Os mesmos métodos de solução apresentados no item 3.3.2 são então aplicáveis.

Exemplo 3.8 – Considerando que a estrutura do Exemplo 3.1 sofra uma aceleração horizontal na base $\ddot{d}_b = \sin(25t)$ m/s², estabeleça a expressão para os deslocamentos considerando apenas a resposta permanente.

Solução:

As matrizes de massa, e de rigidez, freqüências naturais e matriz modal normalizada foram calculadas nos exemplos anteriores. Com auxílio da Equação 3.71 obtém-se o vetor de cargas efetivas:

$$\underset{\sim}{f}_{EFET} = -10^4 \begin{Bmatrix} 6{,}0 \\ 6{,}0 \\ 3{,}0 \end{Bmatrix} \sin(25t)$$

Como as forças apresentam a mesma função de variação no tempo, as equações modais podem ser escritas na forma da Equação 3.53, onde as funções auxiliares $z_j(t)$ dadas pela Equação 3.54 dão origem às equações abaixo:

$$\ddot{z}_1(t) + 58{,}4565 z_1(t) = \sin(25t)$$

$$\ddot{z}_2(t) + 243{,}4374 z_2(t) = \sin(25t)$$

$$\ddot{z}_3(t) + 631{,}3875 z_3(t) = \sin(25t)$$

Cujas soluções são:

$$z_1(t) = -1{,}7650 \cdot 10^{-3} \sin(25t)$$
$$z_2(t) = -2{,}6208 \cdot 10^{-3} \sin(25t)$$
$$z_3(t) = 1{,}5655 \cdot 10^{-1} \sin(25t)$$

O vetor $\underset{\sim}{s}$ que aparece na Equação 3.40, e que representa a distribuição espacial da força, é:

$$\underset{\sim}{s} = -10^4 \begin{Bmatrix} 6{,}0 \\ 6{,}0 \\ 3{,}0 \end{Bmatrix}$$

Substituindo $\underset{\sim}{s}$ nas Equações 3.44 ou 3.49 obtém-se os fatores de participação modal:

$$\underset{\sim}{\Gamma} = \begin{Bmatrix} -356{,}2606 \\ 127{,}9814 \\ -81{,}8484 \end{Bmatrix}$$

Finalmente pela aplicação da Equação 3.55 obtêm-se os deslocamentos relativos:

$$u(t) = \Phi \, \overline{\Gamma} \, z(t) = \begin{Bmatrix} -0{,}0408 \\ 0{,}0322 \\ -0{,}0088 \end{Bmatrix} \sin(25t) \quad (m)$$

Exemplo 3.9: Calcular para a situação do Exemplo 3.8 a força horizontal total na base no instante t=0,15s.

Solução:

Do exercício anterior obtém-se: $u(0,15) = \begin{Bmatrix} 0,0233 \\ -0,0184 \\ 0,0050 \end{Bmatrix}$ (m)

A força horizontal total na base é:

$$F_{H_b}(0,15) = k_1 d_1 = 1,5636 \cdot 10^7 (0,0234) = 3,6503 \cdot 10^5 \text{ N}$$

Outro caminho para a solução é a utilização da Equação 3.60, sendo necessário antes de sua aplicação fazer-se a expansão modal do vetor $\underset{\sim}{s}$, conforme a Equação 3.47, que fornece:

$$\underset{\sim N}{s} = -10^3 \begin{bmatrix} 28,4696 & 15,3001 & 16,2304 \\ 54,9434 & 16,5085 & -11,4519 \\ 43,5086 & -15,4294 & 1,9207 \end{bmatrix}$$

A força horizontal total é obtida com auxílio da Equação 3.59:

$$F_{H_b}(0,15) = \sum_{j=1}^{3} F_{N_j} \omega^2_{n_j} z_j(0,15) = 3,6503 \cdot 10^5 \text{ N}$$

A Tabela E3.2 sumariza e organiza o cálculo.

Modo j	F_{N_j}	$\omega^2_{n_j}$	$Z_j(0,15)$	$F_{H_b}(0,15)$
1	$-1,2692 \cdot 10^5$	58,4565	$1,0089 \cdot 10^{-3}$	$-7,4851 \cdot 10^3$
2	$-1,6379 \cdot 10^4$	243,4374	$1,4979 \cdot 10^{-3}$	$-5,9728 \cdot 10^3$
3	$-6,6992 \cdot 10^3$	631,3875	$-0,0895$	$3,7849 \cdot 10^5$

Tabela E3.2

3.3.4. Análise por Espectro de Resposta

No Capítulo 2 foi apresentado o conceito de espectro de resposta e sua aplicação, para a obtenção da resposta máxima no caso de SGL. Em sistemas de múltiplos graus de liberdade também será possível a utilização dos espectros de resposta, em especial na análise sísmica. Enfatiza-se que a utilização dos espectros fornece apenas a resposta máxima, não sendo possível a determinação do histórico no tempo, e conseqüentemente o instante em que o máximo ocorre. Isto, em princípio, apresenta-se como uma dificuldade quando de sua utilização em sistemas de múltiplos graus de liberdade, que será contornada de forma aproximada, através da definição dos chamados *critérios de combinação modal,* que serão apresentados mais adiante. O Exemplo 3.10 a seguir, é utilizado para a apresentação e esclarecimento do uso de espectro de resposta em sistema com múltiplos graus de liberdade.

Exemplo 3.10: Considerar que a estrutura do Exemplo 3.1 seja submetida ao conjunto de forças $f_1(t)$, $f_2(t)$ e $f_3(t)$, com lei de variação triangular decrescente no tempo, conforme mostrado na Figura 2.2b, com $F_{o_1} = 10^4 \, N$, $F_{o_2} = 1,5 \cdot 10^4 \, N$ e $F_{o_3} = 2,0 \cdot 10^4 \, N$ e $t_{f_1} = t_{f_2} = t_{f_3} = 0,40s$. Sendo o sistema não amortecido, utilizar o espectro de resposta mostrado na Figura 2.4 e calcular os deslocamentos máximos.

Solução:

As freqüências circulares, previamente calculadas no Exemplo 3.1, e os correspondentes períodos naturais de vibração são:

$$\omega_n = \begin{Bmatrix} 7,6457 \\ 15,6025 \\ 25,1274 \end{Bmatrix} \text{(rad/s)} \qquad T_n = \begin{Bmatrix} 0,8218 \\ 0,4027 \\ 0,2500 \end{Bmatrix} \text{(s)}$$

Com auxílio da Equação 3.39 obtêm-se as equações desacopladas do movimento (equações modais):

$$\ddot{q}_1(t) + 58{,}4565 q_1(t) = 133{,}2916 \bar{f}(t)$$

$$\ddot{q}_2(t) + 243{,}4374 q_2(t) = 28{,}2002 \bar{f}(t)$$

$$\ddot{q}_3(t) + 631{,}3875 q_3(t) = 13{,}7151 \bar{f}(t)$$

Onde $\bar{f}(t)$ é a função triangular decrescente, dada por:

$$\bar{f}(t) = (1 - \frac{10t}{4}) \quad \text{para } t \leq 0{,}40s \quad e$$

$$\bar{f}(t) = 0, \text{ para } t > 0{,}40s$$

Os valores máximos de $q_1(t)$, $q_2(t)$ e $q_3(t)$ são obtidos com o auxílio do espectro de resposta da Figura 2.4, para um sistema não amortecido, ou seja, com a curva correspondente a $\xi = 0{,}0$. Com:

$$\frac{t_{d_1}}{T_{n_1}} = \frac{0{,}40}{0{,}8218} = 0{,}4867 \quad \text{tem-se: } A_{D_{max}} \cong 1{,}15$$

$$\frac{t_{d_2}}{T_{n_2}} = \frac{0{,}40}{0{,}4027} = 0{,}9933 \quad \text{tem-se: } A_{D_{max}} \cong 1{,}55$$

$$\frac{t_{d_3}}{T_{n_3}} = \frac{0{,}40}{0{,}2500} = 1{,}600 \quad \text{tem-se: } A_{D_{max}} \cong 1{,}70$$

Finalmente, como $q_{j_{est}} = \dfrac{P_j}{\omega_{n_j}^2}$, vem:

$$q_{1_{est}} = \frac{133{,}2916}{58{,}4565} = 2{,}280 \quad \text{tem-se: } q_{1_{max}} = 1{,}15 \cdot 2{,}280 = 2{,}622$$

$$q_{2_{est}} = \frac{28,2002}{243,4374} = 0,116 \quad \text{tem-se:} \quad q_{2_{max}} = 1,55 \cdot 0,116 = 0,180$$

$$q_{3_{est}} = \frac{13,7151}{631,3875} = 0,022 \quad \text{tem-se:} \quad q_{3_{max}} = 1,70 \cdot 0,022 = 0,037$$

Estes valores máximos não necessariamente acontecem simultaneamente. Isto é uma dificuldade adicional para a aplicação da Equação 3.28, quando da obtenção dos deslocamentos finais. Critérios para a combinação dos valores máximos das contribuições modais são necessários. Um destes, que fornece resultados muito conservadores, consiste no somatório dos valores absolutos das contribuições modais, o qual para o presente exemplo fornece os valores abaixo. Outros critérios são discutidos no item a seguir.

$$d_{1_{max}} = |\phi_{11} q_{1_{max}}| + |\phi_{12} q_{2_{max}}| + |\phi_{13} q_{3_{max}}| = 3,9731 \cdot 10^{-3} \, (m)$$

$$d_{2_{max}} = |\phi_{21} q_{1_{max}}| + |\phi_{22} q_{2_{max}}| + |\phi_{23} q_{3_{max}}| = 7,2128 \cdot 10^{-3} \, (m)$$

$$d_{3_{max}} = |\phi_{31} q_{1_{max}}| + |\phi_{32} q_{2_{max}}| + |\phi_{33} q_{3_{max}}| = 1,1426 \cdot 10^{-2} \, (m)$$

3.3.4.1. Critérios para Combinação das Contribuições Modais Máximas

Os deslocamentos no Exemplo 3.10 foram calculados somando os valores absolutos das contribuições de cada modo. Este critério é conhecido como *ABSSUM* ("absolute summation"), sendo dado por:

$$E_{max} \leq \sum_{j=1}^{N} |E_{N_{max j}}| \qquad \text{(Equação 3.72)}$$

Onde E_{max} representa o valor máximo do efeito considerado e $E_{N_{max_j}}$ a contribuição do j-ésimo modo para o mesmo efeito. Este critério fornece resultados muito conservadores e, por este motivo, vários outros, geralmente baseados nas teorias de vibrações randômicas, foram desenvolvidos. Serão apresentados aqui apenas os de uso mais difundido.

O critério da *raiz-quadrada-da-soma-dos-quadrados*, mais conhecido como *SRSS* ("square-root-of-sum-of-squares"), estabelece:

$$E_{max} \cong \left[\sum_{j=1}^{N} E_{N_{max_j}}^2\right]^{1/2} \qquad \text{(Equação 3.73)}$$

O SRSS não deve ser aplicado à estrutura que apresente freqüências próximas, pois nesta situação seus resultados são pouco conservadores. Quando dois modos têm freqüências muito próximas, os seus respectivos máximos podem ocorrer quase que simultaneamente. Uma correção possível neste caso é combinar os efeitos dos modos próximos pela regra da soma dos valores absolutos, e posteriormente combinar este resultado com os dos demais modos, pela regra da raiz quadrada da soma dos quadrados.

O critério da *combinação-quadrática-completa*, conhecido como *CQC* ("quadratic-complete-combination"), estabelece:

$$E_{max} \cong \left(\sum_{i=1}^{N}\sum_{j=1}^{N} \rho_{ij} E_{N_{max_i}} E_{N_{max_j}}\right)^{1/2} \qquad \text{(Equação 3.74)}$$

Onde ρ_{ij} é chamado de *coeficiente de correlação entre os modos* i e j, existindo mais de uma expressão para sua avaliação. A mais utilizada é atribuída a *A. Der Kiureghian (1981)*, dada por:

$$\rho_{ij} = \frac{8\sqrt{\xi_i \xi_j}\,(\xi_i + r_{ij}\xi_j) r_{ij}^{3/2}}{(1-r_{ij}^2)^2 + 4\xi_i \xi_j r_{ij}(1+r_{ij}^2) + 4(\xi_i^2 + \xi_j^2) r_{ij}^2} \qquad \text{(Equação 3.75)}$$

Onde ξ_i e ξ_j são os fatores de amortecimento associados aos modos i e j respectivamente, e $r_{ij} = \dfrac{\omega_{n_i}}{\omega_{n_j}}$ a relação entre as freqüências circulares naturais dos modos i e j. Observe-se que $\rho_{i,j} = 1,0$ para $i = j$. Se o amortecimento for constante, a equação simplifica-se para:

$$\rho_{ij} = \frac{8\xi^2(1+r_{ij})r_{ij}^{3/2}}{(1-r_{ij}^2)^2 + 4\xi^2 r_{ij}(1+r_{ij})^2}$$
(Equação 3.76)

A Equação 3.74 pode ser então se reescrita como:

$$E_{max} \cong \left(\sum_{i=1}^{N} E_{N_{max_i}}^2 + \sum_{i=1}^{N} \sum_{j=1}^{N} \rho_{ij} E_{N_{max_i}} E_{N_{max_j}} \right)^{1/2}$$
(Equação 3.77)

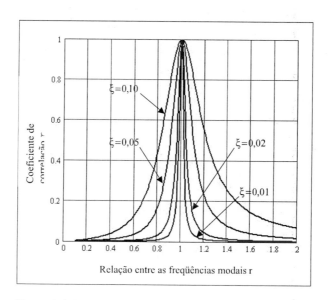

Figura 3.4: Variação do coeficiente de correlação entre modos.

Na Equação 3.77, considerar que, para o termo com duplo somatório, necessariamente $i \neq j$. O primeiro termo do lado direito da equação é idêntico ao critério SRSS, ver Equação 3.73, e como o segundo termo se anula para amortecimento nulo, neste último caso os critérios SRSS e CQC fornecem resultados iguais. A Figura 3.4 mostra o gráfico da variação do coeficiente de correlação entre modos, para alguns valores de amortecimento, variando a relação entre as freqüências modais. O gráfico é útil para a compreensão da limitação na aplicação do SRSS. Para tanto, considere-se a curva de amortecimento $\xi=0,02$, que cobre muitos dos casos reais. Observa-se que para relações de freqüência modal menores que 0,9 ou maiores que 1,1 o coeficiente de correlação modal é menor que 0,2 (20%). Já para o amortecimento $\xi=0,05$ a mesma relação entre os coeficientes acontece para relações de freqüência, aproximadamente, menores que 0,8 e maiores que 1,2. Fica também evidente que o coeficiente tende rapidamente para zero quando a relação de freqüências se afasta da unidade.

Exemplo 3.11: Recalcule os deslocamentos máximos dos andares para a estrutura do Exemplo 3.10, considerando o critério SRSS e compare com os calculados naquele exemplo.

Solução:

Os deslocamentos modais estão calculados no Exemplo 3.10. A Tabela E3.3 resume os cálculos.

Andar	Contribuição do modo 1	2	3	Total (m)
1	$3,4922 \cdot 10^{-3}$	$-3,5865 \cdot 10^{-4}$	$1,2228 \cdot 10^{-4}$	$3,5127 \cdot 10^{-3}$
2	$6,7395 \cdot 10^{-3}$	$-3,8698 \cdot 10^{-4}$	$-8,6282 \cdot 10^{-5}$	$6,7512 \cdot 10^{-3}$
3	$1,0674 \cdot 10^{-2}$	$7,2336 \cdot 10^{-4}$	$2,8942 \cdot 10^{-5}$	$1,0698 \cdot 10^{-2}$

Tabela E3.3

Comparando-se os resultados com os obtidos no exemplo 3.10, com o critério ABSSUM, verifica-se que aqueles são maiores, evidenciando a afirmação de que os resultados fornecidos pelo ABSUMM são mais conservadores.

3.4. Sistema Amortecido

A equação para o sistema com amortecimento foi apresentada como Equação 3.4, aqui repetida:

$$M\ddot{d} + C\dot{d} + K d = f(t) \qquad \text{(Equação 3.78)}$$

3.4.1. Vibração Livre – Análise Modal

Supondo o sistema em vibração livre, portanto sem forças aplicadas, com o movimento tendo origem por imposição de deslocamentos ou velocidades iniciais, a Equação 3.78 transforma-se em:

$$M\ddot{d} + C\dot{d} + Kd = 0 \qquad \text{(Equação 3.79)}$$

Sendo Φ a matriz modal do sistema sem a consideração de amortecimento, utiliza-se esta para expressar os deslocamentos d, conforme a Equação 3.28, que substituída na Equação 3.79 fornece:

$$M\Phi\ddot{q}(t) + C\Phi\dot{q}(t) + K\Phi q(t) = 0 \qquad \text{(Equação 3.80)}$$

Pré-multiplicando a Equação 3.80 por Φ^T obtém-se:

$$\Phi^T M\Phi\ddot{q}(t) + \Phi^T C\Phi\dot{q}(t) + \Phi^T K\Phi q(t) = 0 \qquad \text{(Equação 3.81)}$$

Devido à ortogonalidade entre os modos de vibração, conforme apresentado no item 3.3.1.2, os produtos $\Phi^T M\Phi$ e $\Phi^T K\Phi$ resultam em matrizes diagonais. O produto $\Phi^T C\Phi$ pode resultar ou não em uma matriz diagonal. Sendo diagonal, o sistema de equações 3.81 constitui-se em um conjunto de N equações desacopladas e o amortecimento do sistema é chamado de *amortecimento viscoso clássico*. Nesta situação é demonstrável que os modos de vibração do sistema amortecido são iguais aos do sistema sem amortecimento, sendo que, a matriz de amortecimento C deve atender a determinadas condições que serão apresentadas oportunamente. Se o produto $\Phi^T C\Phi$ não resultar em matriz diagonal, as equações do movimento ficam acopladas pelo termo do amortecimento, e o sistema é dito como tendo *amortecimento não clássico*, e os modos de vibração do sistema são diferentes do caso não amortecido. Por hora, apenas o amortecimento viscoso clássico será abordado.

Sendo as equações do sistema 3.81 desacopladas e considerando-se as relações apresentadas no capítulo 1, obtém-se para a equação modal de ordem j, onde ξ_j é o fator de amortecimento para o modo j:

$$\ddot{q}_j(t) + 2\xi_j\omega_{n_j}\dot{q}_j(t) + \omega_{n_j}^2 q(t) = 0 \qquad \text{(Equação 3.82)}$$

Esta é semelhante à Equação 1.3, com $m = 1$, $c = 2\xi_j\omega_{n_j}$ e $k = \omega_{n_j}^2$. Portanto, tem solução também semelhante à daquela Equação, escrita como:

$$q_j(t) = e^{-\xi_j\omega_{n_j}t}[q_{j_0}\cos(\omega_{n_{jD}}t) + \frac{\dot{q}_{j_0} + \xi_j\omega_{n_j}q_{j_0}}{\omega_{n_{jD}}}\sin(\omega_{n_{jD}}t)] \qquad \text{(Equação 3.83)}$$

Onde q_{j_0} e $\dot{q}_{j_0}$ são determinados pelas condições iniciais com utilização das Equações 3.33 e 3.34, e $\omega_{n_{jD}} = \omega_{n_j}\sqrt{1 - \xi_j^2}$. Resolvidas as equações modais, os deslocamentos são determinados pela Equação 3.28.

Exemplo 3.12: Resolva o Exemplo 3.3 considerando o amortecimento de $\xi = 0,05$.

Solução:

Do Exemplo 3.3 obtém-se:

$$\underset{\sim}{q}(0) = \begin{Bmatrix} 0,0 \\ -1,0 \\ 0,0 \end{Bmatrix} \text{ e } \underset{\sim}{\dot{q}}(0) = \begin{Bmatrix} 0,0 \\ 0,0 \\ 0,0 \end{Bmatrix}$$

As freqüências circulares e freqüências circulares amortecidas são respectivamente:

$$\underset{\sim}{\omega}_n = \begin{Bmatrix} 7,6457 \\ 15,6025 \\ 25,1274 \end{Bmatrix} \text{ e } \underset{\sim}{\omega}_{n_D} = \begin{Bmatrix} 7,6361 \\ 15,5830 \\ 25,0960 \end{Bmatrix}$$

O que permite escrever:

$$\begin{Bmatrix} d_1 \\ d_2 \\ d_3 \end{Bmatrix} = \begin{Bmatrix} 1,99249 \\ 2,14986 \\ -4,01865 \end{Bmatrix} \cdot 10^{-3} \cdot e^{-0,7801t} \left[\cos(15,5830t) - 0,0501\sin(15,5830t) \right]$$

Na Figura E3.6 encontra-se o histórico no tempo dos deslocamentos do andar 2, onde verifica-se a diminuição das amplitudes do deslocamento devido ao amortecimento.

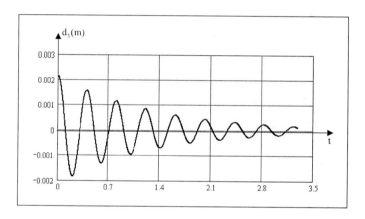

Figura E3.6

3.4.2. Vibração Forçada – Análise Modal

Sendo a vibração forçada, o movimento é representado pela Equação 3.78. Sendo Φ a matriz modal do sistema, sem a consideração do amortecimento, utiliza-se esta para expressar os deslocamentos $\underline{d}$, conforme a Equação 3.28, em termos da variável $\underline{q}(t)$. A Equação 3.78, após ter seus termos pré-multiplicados por Φ^T, fornece:

$$\Phi^T M \Phi \underline{\ddot{q}}(t) + \Phi^T C \Phi \underline{\dot{q}}(t) + \Phi^T K \Phi \underline{q}(t) = \underline{P}(t) \qquad \text{(Equação 3.84)}$$

Onde $P(t) = \Phi^T f(t)$ é o vetor de forças modais. Considerando as relações apresentadas no Capítulo 1, e sendo os auto-vetores normalizados com relação à matriz de massa, tem-se para a equação modal de ordem j:

$$\ddot{q}_j(t) + 2\xi_j\omega_{n_j}\dot{q}_j(t) + \omega_{n_j}^2 q_j(t) = P_j(t) \qquad \text{(Equação 3.85)}$$

Esta é semelhante à Equação 1.1, com $m = 1,0$, $c = 2\xi_j\omega_{n_j}$ e $k = \omega_{n_j}^2$. A Equação 3.85 representa o movimento de um SGL, na coordenada modal j, em vibração forçada e, portanto, os métodos de resolução apresentados no item 1.2.3 podem ser utilizados para sua solução.

Exemplo 3.13: Considerar a estrutura do Exemplo 3.4 com amortecimento $\xi = 0,05$ e determinar as expressões para o cálculo dos deslocamentos.

Solução:

As freqüências naturais e freqüências naturais amortecidas estão no Exemplo 3.12 e o vetor de forças modais no Exemplo 3.4, sendo aqui repetido:

$$P(t) = \Phi^T f(t) = \begin{Bmatrix} 40,7086 \\ 40,1865 \\ 7,8223 \end{Bmatrix} \sin(15t)$$

A Equação 3.84, ou a 3.85, fornecem as equações modais desacopladas:

$$\begin{Bmatrix} \ddot{q}_1(t) \\ \ddot{q}_2(t) \\ \ddot{q}_3(t) \end{Bmatrix} + \begin{Bmatrix} 0,7646\dot{q}_1(t) \\ 1,5602\dot{q}_2(t) \\ 2,5127\dot{q}_3(t) \end{Bmatrix} + \begin{Bmatrix} 58,4556q_1(t) \\ 243,4374q_2(t) \\ 631,3875q_3(t) \end{Bmatrix} = \begin{Bmatrix} 40,7086 \\ 40,1865 \\ 7,8223 \end{Bmatrix} \sin(15t)$$

As equações acima são do tipo $m\ddot{x}(t) + c\dot{x}(t) + kx(t) = F_0 \sin\omega t$ resolvida no Capítulo 1, através da Equação 1.42, com a qual se obtém, considerando deslocamentos e velocidades nulos no início do movimento:

Sistemas de Múltiplos Graus de Liberdade ▫ 95

$$\begin{Bmatrix} q_1(t) \\ q_2(t) \\ q_3(t) \end{Bmatrix} = \begin{Bmatrix} -1,6753 \cdot 10^{-2} e^{-\xi \omega_{n_1}} \cos(\omega_{n_{1D}} t) \\ 1,0595 e^{-\xi \omega_{n_2}} \cos(\omega_{n_{2D}} t) \\ 1,7700 \cdot 10^{-3} e^{-\xi \omega_{n_3}} \cos(\omega_{n_{3D}} t) \end{Bmatrix} + \begin{Bmatrix} -4,7872 \cdot 10^{-1} e^{-\xi \omega_{n_1}} \sin(\omega_{n_{1D}} t) \\ -7,5042 \cdot 10^{-1} e^{-\xi \omega_{n_2}} \sin(\omega_{n_{2D}} t) \\ -1,1318 \cdot 10^{-2} e^{-\xi \omega_{n_3}} \sin(\omega_{n_{3D}} t) \end{Bmatrix}$$

$$+ \begin{Bmatrix} 2,4386 \cdot 10^{-1} \sin(15t - \theta_1) \\ 1,3488 \sin(15t - \theta_2) \\ 1,9166 \cdot 10^{-2} \sin(15t - \theta_3) \end{Bmatrix}$$

Onde θ_1, θ_2 e θ_3 são os ângulos de fase calculados com a Equação 1.43, que fornece os valores:

$$\underset{\sim}{\theta} = \begin{Bmatrix} -0,0688 \\ 0,9035 \\ 0,0925 \end{Bmatrix} \text{ (rad)}$$

Substituindo o vetor q na Equação 3.28 obtém-se o vetor com os deslocamentos. A Figura E3.7 mostra o histórico no tempo, até o instante 5s, do deslocamento do andar 2.

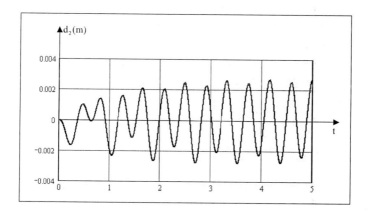

Figura E3.7

3.4.3. Análise por Espectro de Resposta

A análise com utilização dos espectros de resposta, considerando o efeito do amortecimento, não apresenta nenhuma dificuldade ou diferença em relação à situação sem amortecimento. Isto porque o efeito do amortecimento é levado em conta quando da confecção do próprio espectro, conforme pode ser visto, por exemplo, na Figura 2.4, onde são encontradas, para a mesma ação, duas curvas de espectro correspondentes a amortecimentos diferentes.

Exemplo 3.14: Resolver o Exemplo 3.10 considerando amortecimento de 10%.

Solução:

Utilizando na Figura 2.4 a curva correspondente a $\xi = 0,10$ vem:

$$\frac{t_{d_1}}{T_{n_1}} = \frac{0,40}{0,8218} = 0,4867 \quad \text{tem-se:} \quad A_{D_{max}} \cong 1,10$$

$$\frac{t_{d_2}}{T_{n_2}} = \frac{0,40}{0,4027} = 0,9933 \quad \text{tem-se:} \quad A_{D_{max}} \cong 1,33$$

$$\frac{t_{d_3}}{T_{n_3}} = \frac{0,40}{0,2500} = 1,600 \quad \text{tem-se:} \quad A_{D_{max}} \cong 1,47$$

Sendo:

$$q_{1_{est}} = \frac{133,2916}{58,4556} = 2,280 \quad \text{tem-se:} \quad q_{1_{max}} = 1,10 \cdot 2,280 = 2,508$$

$$q_{2_{est}} = \frac{28,2002}{243,4380} = 0,116 \quad \text{tem-se:} \quad q_{2_{max}} = 1,33 \cdot 0,116 = 0,154$$

$$q_{3_{est}} = \frac{13,7151}{631,3862} = 0,022 \quad \text{tem-se:} \quad q_{3_{max}} = 1,47 \cdot 0,022 = 0,032$$

Na Tabela E3.4 encontram-se os deslocamentos máximos calculados pelos critérios apresentados no item 3.3.4.1.

Andar	Deslocamentos máximos (m)		
	ABSSUM	SRSS	CQC
1	$3,7520 \cdot 10^{-3}$	$3,3561 \cdot 10^{-3}$	$3,3509 \cdot 10^{-3}$
2	$6,8522 \cdot 10^{-3}$	$6,4554 \cdot 10^{-3}$	$6,4494 \cdot 10^{-3}$
3	$1,0854 \cdot 10^{-2}$	$1,0228 \cdot 10^{-2}$	$1,0239 \cdot 10^{-2}$

Tabela E3.4

3.4.4. Matriz de Amortecimento

Em se tratando do amortecimento clássico, o produto $\Phi^T C \Phi$ resulta em uma matriz diagonal, o que garante o desacoplamento das equações modais. Na utilização do método da superposição modal, ou análise modal, não é necessária, e nem sempre é possível, a definição direta da matriz de amortecimento. Isto porque, conforme apresentado nos itens 3.41 e 3.42, o amortecimento é introduzido diretamente nas equações modais através do fator de amortecimento ξ. Será apresentado neste item um procedimento para a determinação da matriz de amortecimento. Isto porque, mesmo em se tratando de amortecimento clássico, não sendo a análise modal aplicável (por exemplo, em análise não linear), a determinação da matriz de amortecimento torna-se necessária.

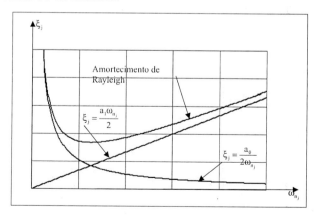

Figura 3.5 – Variação do fator de amortecimento com a freqüência natural.

É imediato perceber que, sendo a matriz de amortecimento proporcional à matriz de massa ou rigidez, o produto $\Phi^T C \Phi$ resulta em uma matriz diagonal. Considere-se que a referida matriz seja definida por:

$$C = a_0 M \quad \text{ou} \quad C = a_1 K \qquad \text{(Equação 3.86a, b)}$$

Nestas equações, a_0 e a_1 são constantes. Considerando a primeira das equações 3.86, tem-se o amortecimento proporcional à matriz de massa e com a segunda o amortecimento é proporcional à matriz de rigidez. Pré-multiplicando Φ^T e pós-multiplicando por Φ ambos os termos das Equações 3.86 escreve-se:

$$\bar{C} = a_0 \bar{M} \quad \text{ou} \quad \bar{C} = a_1 \bar{K} \qquad \text{(Equação 3.87a,b)}$$

Onde $\bar{M}$, $\bar{C}$ e $\bar{K}$ são matrizes diagonais dadas por:

$$\bar{M} = \Phi^T M \Phi, \quad \bar{C} = \Phi^T C \Phi \quad \text{e} \quad \bar{K} = \Phi^T K \Phi \qquad \text{(Equação 3.88a,b,c)}$$

A partir da Equação 3.87a e considerando-se a equação modal de ordem j e os modos normalizados em relação à matriz de massa, escreve-se:

$$\bar{C}_j = a_0 \quad \text{e} \quad \xi = \frac{a_0}{2\omega_{n_j}} \qquad \text{(Equação 3.89a,b)}$$

Adotando procedimento semelhante em relação à Equação 3.87b obtém-se:

$$\bar{C}_j = a_1 \omega_{n_j}^2 \quad \text{e} \quad \xi = \frac{a_1 \omega_{n_j}}{2} \qquad \text{(Equação 3.90a,b)}$$

Observando-se a Equação 3.89b, verifica-se que, sendo a matriz de amortecimento proporcional à matriz de massa, o fator de amortecimento modal diminui com o aumento da freqüência natural. Já para a matriz de amortecimento proporcional à matriz de rigidez, o amortecimento modal aumenta com o aumento da freqüência natural. Entretanto, dados experimentais indicam que, sendo o mecanismo de dissipação de energia em uma estrutura basicamente pela histerese nos diagramas tensão-deformação, o amortecimento modal pouco varia com a freqüência, e assim sendo, as Equações 3.86 não fornecem diretamente boa representação para a matriz de amortecimento. Uma outra possibilidade é adotar para a matriz de amortecimento uma combinação linear das matrizes de massa e de rigidez. Nesta forma tem-se o chamado amortecimento de Rayleigh, com a matriz dada por:

$$\underline{C} = a_0 \underline{M} + a_1 \underline{K} \qquad \text{(Equação 3.91)}$$

Para o modo de ordem j, o fator de amortecimento é obtido pela superposição das equações 3.89b e 3.90b, fornecendo:

$$\xi_j = \frac{a_0}{2\omega_{n_j}} + \frac{a_1 \omega_{n_j}}{2} \qquad \text{(Equação 3.92)}$$

As constantes a_0 e a_1 são determinadas a partir de fatores de amortecimento definidos para dois modos de vibração quaisquer, o que levará a Equação 3.92 a se desdobrar em um sistema de duas equações a duas incógnitas.

Na Figura 3.5 encontram-se as curvas representativas das variações do fator de amortecimento quando a freqüência natural varia, para os casos de amortecimento proporcional à matriz de massa, proporcional à matriz de rigidez e amortecimento de Rayleigh. Para este último verifica-se que para freqüências naturais pequenas a parcela proporcional à matriz de massa é preponderante e para freqüências naturais altas a parcela proporcional à matriz de rigidez é a dominante.

Uma formulação mais geral que a de Rayleigh, e que permite especificar o amortecimento para vários modos, consiste na consideração do chamado amortecimento de Caughey, definido como:

$$\underline{C} = \underline{M} \sum_{k=0}^{J-1} a_k (\underline{M}^{-1} \underline{K})^k \qquad \text{(Equação 3.93)}$$

Onde J é o número de modos para os quais se deseja especificar o fator de amortecimento e a_k são constantes a determinar. Considerando $J = 2$ tem-se:

$$C = a_0 M + a_1 K \tag{Equação 3.94}$$

Como esta expressão é idêntica à que define o amortecimento de Rayleigh, ver Equação 3.91, fica evidente ser o amortecimento de Rayleigh um caso particular do amortecimento de Caughey. A partir da Equação 3.93, obtém-se o fator de amortecimento modal de ordem j:

$$\xi_j = \frac{1}{2} \sum_{k=0}^{J-1} a_k \omega_j^{2k-1} \tag{Equação 3.95}$$

Outra metodologia consiste em, partindo da Equação 3.88b, escrever:

$$C = (\Phi^T)^{-1} \bar{C} \Phi^{-1} \tag{Equação 3.96}$$

A matriz $\bar{C}$ é admitida como diagonal, sendo o termo da diagonal de ordem j dado por:

$$\bar{C}_j = 2\xi_j \omega_{n_j} \bar{M}_j \tag{Equação 3.97}$$

Onde $\bar{M}_j$ é o termo diagonal de ordem j da matriz $\bar{M}$ definida pela Equação 3.88a.

Sendo os modos normalizados em relação à matriz de massa, tem-se:

$$I = \Phi^T M \Phi \tag{Equação 3.98}$$

Pós-multiplicando ambos os termos da equação acima por Φ^{-1} e como M é simétrica obtém-se:

$$\Phi^{-1} = \Phi^T M \quad \text{e} \quad (\Phi^T)^{-1} = M \Phi \tag{Equação 3.99a,b}$$

Sistemas de Múltiplos Graus de Liberdade ❐ 101

Substituindo as Equações 3.99 na Equação 3.96 tem-se:

$$\underset{\sim}{C} = (\underset{\sim}{M}\underset{\sim}{\Phi})\overline{C}(\Phi^T \underset{\sim}{M})$$ (Equação 3.100)

Como a matriz $\overline{C}$ é diagonal, finalmente tem-se:

$$\underset{\sim}{C} = \underset{\sim}{M}\left(\sum_{k=1}^{N}\frac{2\xi_k\omega_{n_k}}{\overline{M}_k}\underset{\sim}{\phi}_k\underset{\sim}{\phi}_k^T\right)\underset{\sim}{M}$$ (Equação 3.101)

Exemplo 3.15: Seja a estrutura do Exemplo 3.1. Calcule a matriz de amortecimento $\underset{\sim}{C}$ considerando para os 3 modos de vibração amortecimento viscoso com $\xi = 0,05$.

Solução:

As matrizes de massa, de rigidez e as freqüências naturais e os modos de vibração encontram-se calculados no Exemplo 3.1.

Considerando o amortecimento de Caughey:

Com a Equação 3.95 obtém-se:

$$\frac{1}{2}\begin{bmatrix} 1,3079\cdot 10^{-1} & 7,6457 & 4,4694\cdot 10^2 \\ 6,4092\cdot 10^{-1} & 1,5602\cdot 10 & 3,7982\cdot 10^3 \\ 3,9797\cdot 10^{-1} & 2,5127\cdot 10 & 1,5865\cdot 10^4 \end{bmatrix}\begin{Bmatrix} a_0 \\ a_1 \\ a_2 \end{Bmatrix} = \begin{Bmatrix} 0,05 \\ 0,05 \\ 0,05 \end{Bmatrix}$$

Que fornece:

$$\begin{Bmatrix} a_0 \\ a_1 \\ a_3 \end{Bmatrix} = \begin{Bmatrix} 4,6727\cdot 10^{-1} \\ 5,2742\cdot 10^{-3} \\ -3,2224\cdot 10^{-6} \end{Bmatrix} \text{ e}$$

$$\underset{\sim}{C} = \begin{bmatrix} 1,2599\cdot 10^5 & -3,6233\cdot 10^4 & -3,3330\cdot 10^3 \\ -3,6233\cdot 10^4 & 9,3337\cdot 10^4 & -1,8114\cdot 10^4 \\ -3,3330\cdot 10^3 & -1,8114\cdot 10 & 3,5465\cdot 10^4 \end{bmatrix}$$

Considerando a Equação 3.101:

Com a Equação 3.97 obtém-se:

$$\tilde{C} = \begin{bmatrix} 7{,}6457 \cdot 10^{-1} & 0 & 0 \\ 0 & 1{,}5602 & 0 \\ 0 & 0 & 2{,}5125 \end{bmatrix}$$

A substituição da matriz anterior na Equação 3.100 fornece os mesmos valores obtidos anteriormente com o amortecimento de Caughey:

$$\underset{\sim}{C} = \begin{bmatrix} 1{,}2599 \cdot 10^{5} & -3{,}6233 \cdot 10^{4} & -3{,}3330 \cdot 10^{3} \\ -3{,}6233 \cdot 10^{4} & 9{,}3337 \cdot 10^{4} & -1{,}8114 \cdot 10^{4} \\ -3{,}3330 \cdot 10^{3} & -1{,}8114 \cdot 10 & 3{,}5465 \cdot 10^{4} \end{bmatrix}$$

Considerando amortecimento de Rayleigh:

Com o amortecimento de Rayleigh é possível fixar apenas fator de amortecimento para dois modos diferentes, aplicando a Equação 3.91 com duas constantes a determinar. Fixando por exemplo os amortecimentos para os primeiro e segundo modos, tem-se pela Equação 3.92:

$$\frac{1}{2}\begin{bmatrix} 1{,}3079 \cdot 10^{-1} & 7{,}6457 \\ 6{,}4092 \cdot 10^{-1} & 1{,}5602 \cdot 10 \end{bmatrix} \begin{Bmatrix} a_0 \\ a_1 \end{Bmatrix} = \begin{Bmatrix} 0{,}05 \\ 0{,}05 \end{Bmatrix}$$

Que fornece:

$$\begin{Bmatrix} a_0 \\ a_1 \end{Bmatrix} = \begin{Bmatrix} 5{,}1312 \cdot 10^{-1} \\ 4{,}3014 \cdot 10^{-3} \end{Bmatrix}$$

Substituindo as constantes acima na Equação 3.91 obtém-se:

$$\underset{\sim}{C} = \begin{bmatrix} 1,5415 \cdot 10^5 & -5,611 \cdot 10^4 & 0 \\ -5,611 \cdot 10^4 & 1,0736 \cdot 10^5 & -2,0465 \cdot 10^4 \\ 0 & -2,0465 \cdot 10^4 & 3,5859 \cdot 10^4 \end{bmatrix}$$

Estes resultados correspondem a um fator de amortecimento para o modo 3, calculado de acordo com a Equação 3.92, igual a:

$$\xi = \frac{51,312}{2 \cdot 25,1274} + \frac{4,3014 \cdot 10^{-3} \cdot 25,1274}{2} = 0,064$$

Outra opção consiste em fixar os amortecimentos para os modos 1 e 3, o que fornece:

$$\underset{\sim}{C} = \begin{bmatrix} 1,2268 \cdot 10^5 & -3,9799 \cdot 10^4 & 0 \\ -3,9799 \cdot 10^4 & 8,9488 \cdot 10^4 & -1,4517 \cdot 10^4 \\ 0 & -1,4517 \cdot 10^4 & 3,2104 \cdot 10^4 \end{bmatrix}$$

Neste caso, o fator de amortecimento para o segundo modo é igual a $\xi = 0,043$. Estes resultados demonstram que a especificação direta do fator de amortecimento para um número modos menor do que o a ser usado na obtenção da solução, deva ser feita com muito cuidado. É fortemente recomendável a verificação do conservadorismo dos amortecimentos fixados.

3.5. Estruturas Modeladas como Sistemas de Múltiplos Graus de Liberdade

Até agora se trabalhou com estruturas de múltiplos graus de liberdade relativamente simples, como a mostrada na Figura 3.1, quando as matrizes de massa, rigidez e amortecimento podem ser obtidas com facilidade. No presente item, faz-se a generalização para estruturas composta pela união de vários elementos, que podem ser de barras ou não. A matriz de rigidez $\underset{\sim}{K}$ pode ser obtida, em sua forma geral, por acumulação das contribuições das rigidezes dos diversos elementos constituintes do modelo. Não se pretende aprofundar este tema, pois considera-se que o leitor tenha domínio da análise matricial de estruturas. Entretanto, caso se julgue necessário, sugere-se consultar a bibliografia disponível sobre o assunto.

A matriz de massa é obtida de forma semelhante à matriz de rigidez $\underset{\sim}{K}$, ou seja, a partir das matrizes de massa dos elementos constituintes do modelo. Alguns comentários sobre a montagem das matrizes de massa serão apresentados no presente item. Basicamente existem duas formulações para a matriz de massa, a *matriz de massa discreta* e a *matriz de massa consistente*.

A matriz de massa discreta é obtida concentrando as massas dos elementos da estrutura, seguindo o critério de preservar a posição de seus centros de massa, nos pontos nodais do elemento. Esta abordagem simples oferece, em certas condições, bons resultados.

Seja o elemento de viga mostrado na Figura 3.6, onde u_1 até u_4 representam os deslocamentos nodais no sistema local de referência xyz do elemento, ℓ é o seu comprimento e $\bar{m}$ é a massa por unidade de comprimento. A matriz de massa do elemento, considerando os efeitos da inércia apenas segundo as direções dos deslocamentos lineares, é dada por:

$$\underset{\sim}{m}_e = \begin{bmatrix} \dfrac{\bar{m}\ell}{2} & 0 & 0 & 0 \\ 0 & 0 & 0 & 0 \\ 0 & 0 & \dfrac{\bar{m}\ell}{2} & 0 \\ 0 & 0 & 0 & 0 \end{bmatrix}$$

(Equação 3.102)

Considerando-se também os efeitos de inércia segundo os deslocamentos angulares, tem-se:

$$\underset{\sim e}{m} = \begin{bmatrix} \dfrac{\bar{m}\ell}{2} & 0 & 0 & 0 \\ 0 & \dfrac{\bar{m}\ell^3}{24} & 0 & 0 \\ 0 & 0 & \dfrac{\bar{m}\ell}{2} & 0 \\ 0 & 0 & 0 & \dfrac{\bar{m}\ell^3}{24} \end{bmatrix}$$

(Equação 3.103)

Onde $\underset{\sim e}{m}$ é a matriz de massa do elemento no sistema local de referência. As matrizes das Equações 3.102 e 3.103 aplicam-se a barras com seção transversal constante.

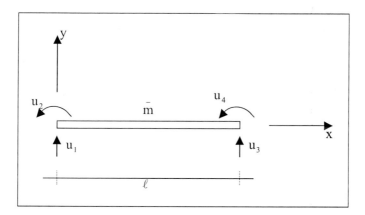

Figura 3.6 – Elemento de viga.

Considerando-se o elemento de pórtico plano de seção transversal constante, com a numeração dos deslocamentos no sistema local, da Figura 3.7, onde a dupla seta representa deslocamento de rotação, e considerando os efeitos de inércia nas direções de todos os deslocamentos, tem-se:

$$\underset{\sim e}{m} = \begin{bmatrix} \dfrac{\bar{m}\ell}{2} & 0 & 0 & 0 & 0 & 0 \\ 0 & \dfrac{\bar{m}\ell}{2} & 0 & 0 & 0 & 0 \\ 0 & 0 & \dfrac{\bar{m}\ell^3}{24} & 0 & 0 & 0 \\ 0 & 0 & 0 & \dfrac{\bar{m}\ell}{2} & 0 & 0 \\ 0 & 0 & 0 & 0 & \dfrac{\bar{m}\ell}{2} & 0 \\ 0 & 0 & 0 & 0 & 0 & \dfrac{\bar{m}\ell^3}{24} \end{bmatrix}$$

(Equação 3.104)

Para o elemento de grelha, de seção transversal constante, definido no plano xy com a numeração dos deslocamentos nodais, no sistema local do elemento, conforme mostrado na Figura 3.8, a matriz de massa com a consideração dos efeitos de inércia segundo as direções de todos os deslocamentos é escrita como:

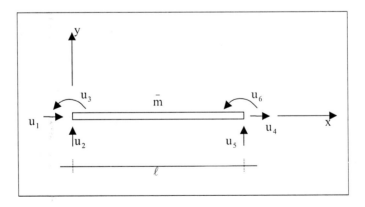

Figura 3.7 – Elemento de pórtico plano.

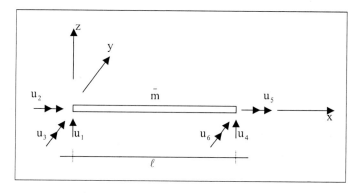

Figura 3.8 – Elemento de grelha.

$$\underset{\sim}{m}_e = \begin{bmatrix} \dfrac{\bar{m}\ell}{2} & 0 & 0 & 0 & 0 & 0 \\ 0 & \dfrac{\bar{m}\ell J_x}{A} & 0 & 0 & 0 & 0 \\ 0 & 0 & \dfrac{\bar{m}\ell^3}{24} & 0 & 0 & 0 \\ 0 & 0 & 0 & \dfrac{\bar{m}\ell}{2} & 0 & 0 \\ 0 & 0 & 0 & 0 & \dfrac{\bar{m}\ell J_x}{A} & 0 \\ 0 & 0 & 0 & 0 & 0 & \dfrac{\bar{m}\ell^3}{24} \end{bmatrix}$$

(Equação 3.105)

Onde J_x e A representam respectivamente o momento polar de inércia e a área da seção transversal da barra.

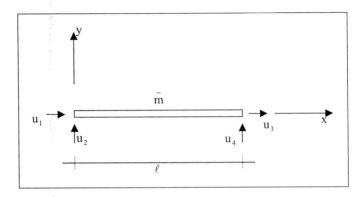

Figura 3.9 – Elemento de treliça plana.

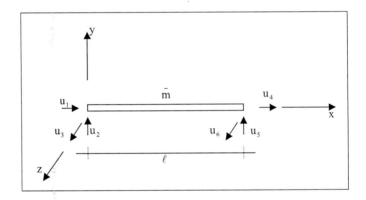

Figura 3.10 – Elemento de treliça espacial.

Para os elementos de treliça plana e espacial, com seção transversal constante, as matrizes de massa são respectivamente:

$$\underset{\sim}{m}_e = \begin{bmatrix} \dfrac{\bar{m}\ell}{2} & 0 & 0 & 0 \\ 0 & \dfrac{\bar{m}\ell}{2} & 0 & 0 \\ 0 & 0 & \dfrac{\bar{m}\ell}{2} & 0 \\ 0 & 0 & 0 & \dfrac{\bar{m}\ell}{2} \end{bmatrix}$$

(Equação 3.106)

Sistemas de Múltiplos Graus de Liberdade □ 109

$$\underset{\sim}{m}_e = \begin{bmatrix} \dfrac{\bar{m}\ell}{2} & 0 & 0 & 0 & 0 & 0 \\ 0 & \dfrac{\bar{m}\ell}{2} & 0 & 0 & 0 & 0 \\ 0 & 0 & \dfrac{\bar{m}\ell}{2} & 0 & 0 & 0 \\ 0 & 0 & 0 & \dfrac{\bar{m}\ell}{2} & 0 & 0 \\ 0 & 0 & 0 & 0 & \dfrac{\bar{m}\ell}{2} & 0 \\ 0 & 0 & 0 & 0 & 0 & \dfrac{\bar{m}\ell}{2} \end{bmatrix}$$

(Equação 3.107)

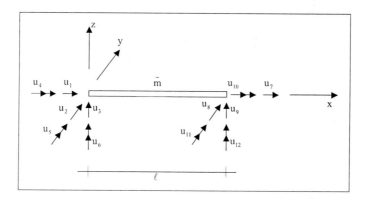

Figura 3.11 – Elemento de pórtico espacial.

Para o elemento de pórtico espacial com a numeração dos deslocamentos como a mostrada na Figura 3.11 e seção transversal constante, tem-se para a matriz de massa:

$$\underset{\sim}{m}_e = \begin{bmatrix} \underset{\sim}{m}_D & & & \\ & \underset{\sim}{m}_R & & \\ & & \underset{\sim}{m}_D & \\ & & & \underset{\sim}{m}_R \end{bmatrix}$$

(Equação 3.108)

Onde as matrizes $\underset{\sim}{m}_D$ e $\underset{\sim}{m}_R$ são dadas respectivamente por:

$$\underset{\sim}{m}_D = \begin{bmatrix} \dfrac{\bar{m}\ell}{2} & 0 & 0 \\ 0 & \dfrac{\bar{m}\ell}{2} & 0 \\ 0 & 0 & \dfrac{\bar{m}\ell}{2} \end{bmatrix} \quad e \quad \underset{\sim}{m}_R = \begin{bmatrix} \dfrac{\bar{m}\ell J_x}{A} & 0 & 0 \\ 0 & \dfrac{\bar{m}\ell^3}{24} & 0 \\ 0 & 0 & \dfrac{\bar{m}\ell^3}{24} \end{bmatrix}$$

(Equação 3.109a,b)

A matriz de massa consistente é obtida de forma similar à matriz de rigidez do elemento. Seus coeficientes são chamados de coeficientes de massa, e a coluna de ordem i é um vetor representativo das forças nodais (forças de inércia) despertadas pela aplicação de uma aceleração unitária na direção do grau de liberdade i. Considerando-se as forças de inércia no princípio dos trabalhos virtuais, obtém-se a matriz associada àquelas forças, matriz esta chamada de matriz de massa e dada por:

$$\underset{\sim}{m}_e = \int_{V_e} \rho \underset{\sim}{N}^T \underset{\sim}{N} dV_e \qquad \text{(Equação 3.110)}$$

Onde ρ representa a massa por unidade de volume, V_e o volume do elemento e $\underset{\sim}{N}$ uma matriz contendo funções de interpolação. Se estas funções são as mesmas usadas na obtenção da matriz de rigidez, então $\underset{\sim}{m}_e$ é chamada de matriz de massa consistente. Diferentemente da matriz de massa discreta, a matriz consistente não é diagonal. Em seqüência apresentam-se as matrizes de massa consistente, no referencial local do elemento, para os elementos de barra com seção transversal constante.

Elemento de viga, ver Figura 3.6:

$$\underset{\sim}{m}_e = \frac{\bar{m}\ell}{420}\begin{bmatrix} 156 & & & \text{simétrica} \\ 22\ell & 4\ell^2 & & \\ 54 & 13\ell & 156 & \\ -13\ell & -3\ell^2 & -22\ell & 4\ell^2 \end{bmatrix}$$

(Equação 3.111)

Elemento de pórtico plano, ver Figura 3.7:

$$\underset{\sim}{m}_e = \frac{\bar{m}\ell}{420}\begin{bmatrix} 140 & & & & & \text{simétrica} \\ 0 & 156 & & & & \\ 0 & 22\ell & 4\ell^2 & & & \\ 70 & 0 & 0 & 140 & & \\ 0 & 54 & 13\ell & 0 & 156 & \\ 0 & -13\ell & -3\ell^2 & 0 & -22\ell & 4\ell^2 \end{bmatrix}$$

(Equação 3.112)

Elemento de grelha, ver Figura 3.8:

$$\underset{\sim}{m}_e = \frac{\bar{m}\ell}{420}\begin{bmatrix} 156 & & & & & \text{simétrica} \\ 0 & \dfrac{140 J_x}{A} & & & & \\ -22\ell & 0 & 4\ell 2 & & & \\ 54 & 0 & -13\ell & 156 & & \\ 0 & \dfrac{70 J_x}{A} & 0 & 0 & \dfrac{140 J_x}{A} & \\ 13\ell & 0 & -3\ell^2 & 22\ell & 0 & 4\ell 2 \end{bmatrix}$$

(Equação 3.113)

Elemento de treliça plana, ver Figura 3.9:

$$\underset{\sim}{m}_e = \begin{bmatrix} 2 & & & \text{simétrica} \\ 0 & 2 & & \\ 1 & 0 & 2 & \\ 0 & 1 & 0 & 2 \end{bmatrix}$$

(Equação 3.114)

Elemento de treliça espacial, ver Figura 3.10:

$$\underset{\sim}{m}_e = \frac{\overline{m}\ell}{6}\begin{bmatrix} 2 & & & & & \text{simétrica} \\ 0 & 2 & & & & \\ 0 & 0 & 2 & & & \\ 1 & 0 & 0 & 2 & & \\ 0 & 1 & 0 & 0 & 2 & \\ 0 & 0 & 1 & 0 & 0 & 2 \end{bmatrix}$$

(Equação 3.115)

Elemento de pórtico espacial, ver Figura 3.11:

$$\underset{\sim}{m}_e = \frac{\overline{m}\ell}{420}\begin{bmatrix} 140 & & & & & & & & & & & \text{simétrica} \\ 0 & 156 & & & & & & & & & & \\ 0 & 0 & 156 & & & & & & & & & \\ 0 & 0 & 0 & \dfrac{140J_x}{A} & & & & & & & & \\ 0 & 0 & -22\ell & 0 & 4\ell^2 & & & & & & & \\ 0 & 22\ell & 0 & 0 & 0 & 4\ell^2 & & & & & & \\ 70 & 0 & 0 & 0 & 0 & 0 & 140 & & & & & \\ 0 & 54 & 0 & 0 & 0 & 13\ell & 0 & 156 & & & & \\ 0 & 0 & 54 & 0 & -13\ell & 0 & 0 & 0 & 156 & & & \\ 0 & 0 & 0 & \dfrac{70J_x}{A} & 0 & 0 & 0 & 0 & 0 & \dfrac{140J_x}{A} & & \\ 0 & 0 & 13\ell & 0 & -3\ell^2 & 0 & 0 & 0 & 22\ell & 0 & 4\ell^2 & \\ 0 & -13\ell & 0 & 0 & 0 & -3\ell^2 & 0 & -22\ell & 0 & 0 & 0 & 4\ell^2 \end{bmatrix}$$

(Equação 3.116)

Na dedução das matrizes 3.111 a 3.116 foram desconsiderados os efeitos da deformação por força cortante e da inércia rotacional. Uma forma mais geral para as referidas matrizes pode ser encontrada em *Przemieniecki (1968)*.

Para a obtenção da matriz de massa da estrutura, de forma similar ao procedimento utilizado na montagem da matriz de rigidez, as matrizes de massa de cada elemento como as acima apresentadas, por estarem referidas aos sistemas locais dos elementos, devem sofrer uma transformação de coordenadas com a utilização da matriz de rotação correspondente, ver *Przemieniecki (1968)*. Assim, sendo $\underset{\sim}{m}_{e_G}$ a matriz de massa do elemento referida ao sistema global de referência e $\underset{\sim}{R}_e$ a matriz de rotação do elemento tem-se:

$$\underset{\sim}{m}_{e_G} = \underset{\sim}{R}_e^T \underset{\sim}{m}_e \underset{\sim}{R}_e \qquad \text{(Equação 3.117)}$$

Exemplo 3.16: Uma viga bi-engastada, com seção transversal uniforme, para efeito de análise, foi subdividida em quatro barras conforme mostrado na Figura E3.8, onde também é mostrada a numeração adotada para os deslocamentos. Sendo o comprimento ℓ da viga de 8,0 metros, o módulo de elasticidade E do material $2,05 \cdot 10^{11} \, \text{N/m}^2$, a massa $\overline{m}$ por metro linear de viga $6,0 \cdot 10^3 \, \text{kg/m}$ e o momento de inércia I da seção transversal $3,3415 \cdot 10^{-4} \, \text{m}^4$, calcule as freqüências naturais e os modos de vibração.

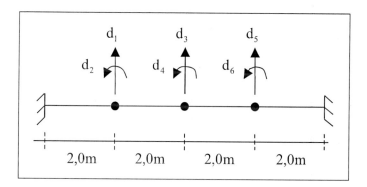

Figura E3.8

Solução:

A matriz de rigidez da estrutura para a numeração dos deslocamentos da Figura E3.8, obtida a partir da matriz de rigidez dos elementos, é dada por:

$$K = \begin{bmatrix} 2{,}0550 \cdot 10^8 & & & & & \text{simétrica} \\ 0 & 2{,}7400 \cdot 10^8 & & & & \\ -1{,}0275 \cdot 10^8 & -1{,}0275 \cdot 10^8 & 2{,}0550 \cdot 10^8 & & & \\ 1{,}0275 \cdot 10^8 & 6{,}8501 \cdot 10^7 & 0 & 2{,}7400 \cdot 10^8 & & \\ 0 & 0 & -1{,}0275 \cdot 10^8 & -1{,}0275 \cdot 10^8 & 2{,}0550 \cdot 10^8 & \\ 0 & 0 & 1{,}0275 \cdot 10^8 & 6{,}8501 \cdot 10^7 & 0 & 2{,}7400 \cdot 10^8 \end{bmatrix}$$

A matriz de massa da estrutura obtida considerando a Equação 3.111, matriz de massa consistente para os elementos, é:

$$M = \begin{bmatrix} 8{,}9143 \cdot 10^3 & & & & & \text{simétrica} \\ 0 & 9{,}1429 \cdot 10^2 & & & & \\ 1{,}5429 \cdot 10^3 & 7{,}4286 \cdot 10^2 & 8{,}9143 \cdot 10^3 & & & \\ -7{,}4286 \cdot 10^2 & -3{,}4286 \cdot 10^2 & 0 & 9{,}1429 \cdot 10^2 & & \\ 0 & 0 & 1{,}5429 \cdot 10^3 & 7{,}4286 \cdot 10^2 & 8{,}9143 \cdot 10^3 & \\ 0 & 0 & -7{,}4286 \cdot 10^2 & -3{,}4286 \cdot 10^2 & 0 & 9{,}1429 \cdot 10^2 \end{bmatrix}$$

Com a discretização adotada para a viga, é possível determinar seis freqüências (em função de o problema ter sido formulado com seis graus de liberdade). Resolvendo o problema de autovalores expresso pela Equação 3.13 tem-se para as freqüências circulares:

$$\omega = \begin{Bmatrix} 37{,}40 \\ 103{,}92 \\ 206{,}16 \\ 390{,}04 \\ 645{,}07 \\ 1039{,}37 \end{Bmatrix} \text{(rad/s)}$$

Sistemas de Múltiplos Graus de Liberdade ☐ 115

Para a matriz modal obtém-se:

$$\underset{\sim}{\Phi} = \begin{bmatrix} 3{,}9501 \cdot 10^{-3} & 6{,}7198 \cdot 10^{-3} & -6{,}5423 \cdot 10^{-3} & 3{,}0939 \cdot 10^{-3} & -1{,}3638 \cdot 10^{-3} & 3{,}7923 \cdot 10^{-3} \\ 2{,}7660 \cdot 10^{-3} & 1{,}8115 \cdot 10^{-3} & 3{,}8494 \cdot 10^{-3} & -1{,}4756 \cdot 10^{-2} & -2{,}4828 \cdot 10^{-2} & 2{,}4279 \cdot 10^{-2} \\ 7{,}2681 \cdot 10^{-3} & 0{,}0 & 6{,}7387 \cdot 10^{-3} & 0{,}0 & 6{,}4167 \cdot 10^{-3} & 0{,}0 \\ 0{,}0 & -6{,}6268 \cdot 10^{-3} & 0{,}0 & 1{,}6499 \cdot 10^{-2} & 0{,}0 & 3{,}9482 \cdot 10^{-2} \\ 3{,}9501 \cdot 10^{-3} & -6{,}7198 \cdot 10^{-3} & -6{,}5423 \cdot 10^{-3} & -3{,}0939 \cdot 10^{-3} & -1{,}3638 \cdot 10^{-3} & -3{,}7923 \cdot 10^{-3} \\ -2{,}7660 \cdot 10^{-3} & 1{,}8115 \cdot 10^{-3} & -3{,}8494 \cdot 10^{-3} & -1{,}4756 \cdot 10^{-2} & 2{,}4828 \cdot 10^{-2} & 2{,}4279 \cdot 10^{-2} \end{bmatrix}$$

A utilização da matriz de massa diagonal da Equação 3.103 para os elementos leva a uma matriz de massa para a estrutura dada por:

$$\underset{\sim}{M} = \begin{bmatrix} 1{,}20 \cdot 10^{4} & 0 & 0 & 0 & 0 & 0 \\ 0 & 4{,}0 \cdot 10^{3} & 0 & 0 & 0 & 0 \\ 0 & 0 & 1{,}20 \cdot 10^{4} & 0 & 0 & 0 \\ 0 & 0 & 0 & 4{,}0 \cdot 10^{3} & 0 & 0 \\ 0 & 0 & 0 & 0 & 1{,}20 \cdot 10^{4} & 0 \\ 0 & 0 & 0 & 0 & 0 & 4{,}0 \cdot 10^{3} \end{bmatrix}$$

Esta matriz levada à Equação 3.13 fornece para as freqüências naturais:

$$\underset{\sim}{\omega} = \begin{Bmatrix} 36{,}16 \\ 91{,}59 \\ 158{,}68 \\ 223{,}73 \\ 276{,}16 \\ 309{,}32 \end{Bmatrix} \text{(rad/s)}$$

As freqüências exatas calculadas conforme apresentado em *Timoshenko,S., Young, D.H. e Weaver, W. Jr (1974)* são:

$$\underset{\sim}{\omega} = \begin{Bmatrix} 37,35 \\ 102,96 \\ 201,87 \\ 333,67 \\ 698,18 \\ 926,86 \end{Bmatrix} \text{(rad/s)}$$

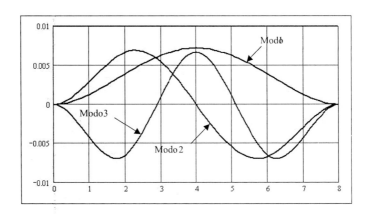

Figura E3.9

Comparando-se as freqüências obtidas com as da solução exata, verifica-se que para a discretização adotada a utilização da matriz de massa consistente forneceu melhores resultados. Entretanto, os resultados obtidos com a matriz de massa diagonal, melhoram se utilizada uma modelagem mais refinada (aumentando o número de elementos). Na Figura E3.9 encontra-se a representação gráfica dos três primeiros modos de vibração.

3.6. Condensação de Graus de Liberdade

A *condensação de graus de liberdade* é utilizada com a finalidade de redução do número de graus de liberdade com conseqüente diminuição do tamanho das matrizes de massa e rigidez, e conseqüentemente do esforço computacional na determinação das freqüências e modos de vibração naturais. Em geral, a condensação leva à perda de precisão e, portanto, deve ser utilizada criteriosamente. O método conhecido como Redução de Guyan, *Guyan, R.J. (1965)*, consiste em classificar os graus de liberdade em dois grupos, aqui chamados de primários e secundários. O objetivo é exprimir os graus de liberdade secundários em função dos primários, com conseqüente eliminação dos primeiros do sistema de equações. Este processo é chamado de condensação de graus de liberdade.

Seja Equação 3.12, escrita sob a forma:

$$\left(\begin{bmatrix} \underset{\sim}{K}_{pp} & \underset{\sim}{K}_{ps} \\ \underset{\sim}{K}_{sp} & \underset{\sim}{K}_{ss} \end{bmatrix} - \omega_{n_j}^2 \begin{bmatrix} \underset{\sim}{M}_{pp} & \underset{\sim}{M}_{ps} \\ \underset{\sim}{M}_{sp} & \underset{\sim}{M}_{ss} \end{bmatrix} \right) \begin{Bmatrix} \underset{\sim}{\phi}_p \\ \underset{\sim}{\phi}_s \end{Bmatrix}_j = \begin{Bmatrix} \underset{\sim}{0} \\ \underset{\sim}{0} \end{Bmatrix} \qquad \text{(Equação 3.118)}$$

Os sub-índices "p" e "s" referem-se aos graus de liberdade primários e secundários, respectivamente. Admitindo-se que as forças de inércia na direção dos deslocamentos secundários são muito menores que as forças elásticas na direção dos deslocamentos primários, escreve-se a partir da segunda das equações de 3.118:

$$\underset{\sim}{\phi}_{j_s} = -\underset{\sim}{K}_{ss}^{-1} \underset{\sim}{K}_{sp} \underset{\sim}{\phi}_{j_p} \qquad \text{(Equação 3.119)}$$

Isto permite escrever:

$$\begin{Bmatrix} \underset{\sim}{\phi}_p \\ \underset{\sim}{\phi}_s \end{Bmatrix}_j = \underset{\sim}{T} \underset{\sim}{\phi}_j, \text{ sendo } \underset{\sim}{T} = \begin{Bmatrix} \underset{\sim}{I} \\ -\underset{\sim}{K}_{ss}^{-1} \underset{\sim}{K}_{sp} \end{Bmatrix} \qquad \text{(Equação 3.120a,b)}$$

Substituindo as Equações 3.120 na Equação 3.118 e pré-multiplicando o resultado por $\underset{\sim}{T}^T$ obtém-se:

$$\left(\underset{\sim}{\bar{K}} - \omega_{n_j}^2 \underset{\sim}{\bar{M}}\right) \underset{\sim}{\bar{\phi}}_j = 0 \qquad \text{(Equação 3.121)}$$

Onde $\underset{\sim}{\bar{K}}$ e $\underset{\sim}{\bar{M}}$ são, respectivamente, as matrizes de rigidez e massa condensadas, dadas por:

$$\underset{\sim}{\bar{K}} = \underset{\sim}{T}^T \underset{\sim}{K} \underset{\sim}{T} \quad e \quad \underset{\sim}{\bar{M}} = \underset{\sim}{T}^T \underset{\sim}{M} \underset{\sim}{T} \qquad \text{(Equação 3.122a,b)}$$

3.7. Análise Automática

A resolução de problemas em análise dinâmica, excetuando-se pequenas estruturas com carregamentos simples, em geral exige considerável esforço de cálculo para sua solução, inviabilizando uma abordagem manual. Programas e sistemas computacionais para a análise de estruturas, oferecendo recursos para a análise dinâmica são bastante numerosos, em versões pagas ou gratuitas. Nas aplicações feitas no presente trabalho será utilizado o *SALT – Sistema de Análise de Estruturas*, sistema computacional criado e em constante desenvolvimento na Escola Politécnica da Universidade Federal do Rio de Janeiro. Está disponível para consulta a página do sistema na Internet em *www.salt.poli.ufrj.br*, onde poderão ser encontradas informações sobre o sistema, além de poder se obter uma cópia educacional. A utilização do sistema é descrita no Manual do Usuário (disponível na página do sistema) ou pelo recurso de ajuda.

Exemplo 3.17: Uma viga em balanço com seção transversal uniforme e vão de 4,0 m, suporta em sua extremidade livre uma força vertical senoidal dada por $f(t) = 1000\sin(125t)$ em Newtons. Sendo o módulo de elasticidade transversal $2,050 \cdot 10^{11} N/m^2$, o peso específico da viga de $77000,0 N/m^3$, a área e o momento de inércia da seção transversal, respectivamente, 37,6cm² e 4336,0cm⁴, pede-se determinar os deslocamentos da extremidade livre nos primeiros 0,20 segundos do movimento.

Solução:

A viga é discretizada em quatro elementos (outra discretização pode ser utilizada objetivando melhorar a solução) e resolvida com o Sistema SALT. A solução é feita em duas etapas: na primeira obtêm-se as freqüências e modos de vibração, e a partir destes, numa segunda etapa, por superposição modal, chaga-se à resposta final. Utilizando os recursos de geração do Sistema SALT monta-se o arquivo com os dados geométricos da estrutura, apresentado a seguir:

```
pórtico plano arquivo criado com a Galeria de Modelos versão 9.07
coordenadas dos nós
    1    0.0000      0.0000
    2    1.0000      0.0000
    3    2.0000      0.0000
    4    3.0000      0.0000
    5    4.0000      0.0000
0
condições de contorno
    1 111  0.000000E+0000  0.000000E+0000  0.000000E+0000
0
tipos de material
    1  2.050E+0011 0.200  1.000E-0005  77000.000
0
tipos de seção
    1  3.760E-0003  0.000E+0000  4.336E-0005  3.470E-0004
0
propriedades dos elementos
    1    1    2    1    1
    2    2    3    1    1
    3    3    4    1    1
    4    4    5    1    1
```

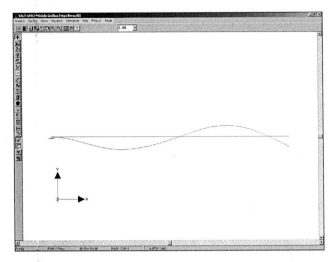

Figura E3.10

Na Figura E3.10 encontra-se a representação gráfica, através de tela do Sistema SALT, do terceiro modo de vibração. O engaste é na extremidade esquerda da viga. Em seqüência apresenta-se o relatório de saída com as quatro primeiras freqüências calculadas.

```
SALT - Marca Registrada da UFRJ
SALTM - análise modal - versão 9.08

TÍTULO: arquivo criado com a Galeria de Modelos versão 9.07

DATA  : 29/1/2006(domingo)
HORA  : 09:57:35
ARQUIVO DE DADOS   : Viga Livro.slt
TIPO DA ESTRUTURA  : pórtico plano

   U n i d a d e s      U t i l i z a d a s
   força           :    Newton.
   comprimento     :    metro.

                      c o o r d e n a d a s      n o d a i s
       nó    sistema   coordenada   coordenada   coordenada
                            x            y            z
        1    global    0.00E+0000   0.00E+0000   0.00E+0000
        2    global    1.00E+0000   0.00E+0000   0.00E+0000
        3    global    2.00E+0000   0.00E+0000   0.00E+0000
        4    global    3.00E+0000   0.00E+0000   0.00E+0000
        5    global    4.00E+0000   0.00E+0000   0.00E+0000
                                    número de nós ......    5
```

```
                    restrições      nodais
                  constante de mola
         nó   código transl. x transl. y rotação z
          1      111 0.0E+0000 0.0E+0000 0.0E+0000
                           número de nós com restrição ......   1

             propriedades     dos    elementos
       barra material   seção nó inicial   nó final   comprimento
         1      1          1        1          2       1.00E+0000
         2      1          1        2          3       1.00E+0000
         3      1          1        3          4       1.00E+0000
         4      1          1        4          5       1.00E+0000
                                número de elementos ......   4

          propriedades     dos    materiais
    material :    1
                         M. Elasticidade ............ 2.1E+0011
                         M. E. Transversal .......... 8.5E+0010
                         C. Poisson ................. 2.0E-0001
                         C. D. Térmica .............. 1.0E-0005
                         P. Específico .............. 77000.00
                              número de tipos de material ......   1

             propriedades     das    seções
         tipo área x   área y   nércia z
           1  3.76E-0003 0.00E+0000  4.34E-0005

                   módulos    de    flexão
           tipo wz
             1  3.47E-0004
                                número de tipos seções ......   1

    resultado    da    renumeração   nodal
          perfil antes da renumeração : 9
          perfil após a renumeração : 9
```

---

resultados da análise modal

---

parâmetros usados na análise modal

número de modos solicitados	:	4
número de vetores de iteração	:	8
aceleração da gravidade	:	9.81
tolerância para teste de convergência:		1.000E-0007

122 ❐ Análise Dinâmica das Estruturas

```
              frequências naturais e modos de vibração

   modo    freqüência      freqüência      período
           (rad/seg)       (Hertz)         (seg)

    1       117.2395        18.6592        0.0536
    2       689.1033       109.6742        0.0091
    3      1824.8200       290.4291        0.0034
    4      1994.0308       317.3599        0.0032


v e r i f i c a ç ã o   d a   s e q u ê n c i a   d e   S t u r m
número de grupos de frequências : 4

número de frequências em cada grupo :
1 :   1 :   1 :   1 :
valor do shift : 2003.97614
número de frequências calculadas inferiores ao valor do shift :   4

   encontrada(a) a(s) 4 menor(es) frequência(s)

fim do arquivo
```

O histórico dos deslocamentos na direção Y do modelo, para os primeiros dois segundos, encontra-se na Figura E3.11.

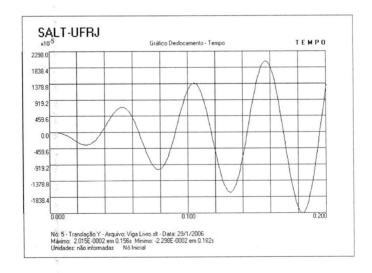

Figura E3.11

3.8. Exercícios Propostos

3.8.1. Seja o pórtico plano mostrado na Figura 3.12 com as vigas de rigidez infinita, colunas sem deformação axial e altura de andar de 3,50m. Sendo o módulo de elasticidade do material de $3,00 \cdot 10^{10} \, N/m^2$, as colunas com seção transversal quadrada com 0,30m de lado, e as massas nos andares iguais a 45000 kg, pede-se determinar as matrizes de massa e rigidez.

3.8.2. Considerando o Exercício 3.7.1, calcular as freqüências próprias e modos naturais de vibração. Normalizar os modos segundo a matriz de massa e apresentar uma representação gráfica de cada um dos modos.

3.8.3. Calcular a resposta permanente para a estrutura do Exemplo 3.7.1, considerando fator de amortecimento de 0,015 e uma força horizontal senoidal aplicada no andar 3 dada por $f(t) = 25\sin(20t)N$.

3.8.4. Uma viga de concreto, simplesmente apoiada, tem 6,0m de vão e seção transversal retangular com 20,0cm de largura e 50,0cm de altura. Em sua seção média apóia-se um equipamento com massa de 1000kg, que transfere para a viga uma força dinâmica vertical dada por $f(t) = 10^3 \sin(120\pi t)N$. Considerando amortecimento de 0,02, calcular o máximo deslocamento devido à carga dinâmica.

3.8.5. Utilize um programa de análise dinâmica e refaça o Exemplo 3.7.4.

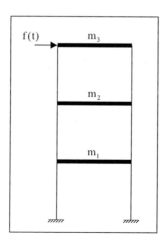

Figura 3.12

4
Aplicações da Dinâmica à Engenharia Sísmica

4.1 Introdução

Inúmeras são as aplicações da dinâmica em projetos de estruturas de engenharia civil. Como importantes ações, ou cargas, de natureza dinâmica nas construções podem ser citadas, entre outras, a ação do vento, dos sismos, de explosões acidentais ou controladas, da operação de máquinas e equipamentos, do tráfego de veículos, do deslocamento de pessoas e de multidão. Estas ações podem afetar a segurança das estruturas, o conforto das pessoas que habitam ou freqüentam a construção e o funcionamento de máquinas e instalações.

O presente capítulo tem como objetivo específico o estudo dos efeitos dos sismos nas estruturas de prédios e de como estas devem ser projetadas para resistirem adequadamente a estes efeitos. Não são abordados aspectos ligados ao projeto de estruturas diferentes de prédios ou de elementos não estruturais. Ênfase especial é dedicada às recomendações da NBR 15421 – Norma Brasileira de Projeto de Estruturas Resistentes a Sismos.

4.2. Características dos Sismos

As forças sísmicas estão entre as mais destrutivas forças da natureza, e potencialmente representam um grande risco de danos materiais e de perdas de vidas humanas. Com a tecnologia disponível, a previsão da ocorrência e grandeza de um sismo em um determinado local, só pode ser feita em termos probabilísticos. O que se busca é, a partir dos registros de sismos passados, se obter informações do ponto de vista de engenharia, para que as construções tenham, no futuro, um risco de colapso dentro de um nível de probabilidade considerado como aceitável pela sociedade.

Aspectos ligados à origem e à causa dos sismos fogem ao propósito deste texto, podendo estas informações ser encontradas na bibliografia específica sobre Sismologia. Entretanto, para entendimento de certos aspectos aqui abordados, alguns conceitos básicos sobre os sismos são apresentados.

O ponto onde o sismo se origina é chamado de *hipocentro* ou *foco*, e geralmente fica em camadas profundas da crosta terrestre. O ponto na superfície da Terra diretamente acima do hipocentro é chamado de *epicentro*.

Os sismos são medidos, de forma absoluta, pela quantidade de energia que liberam. Esta medida é chamada de *magnitude*. Charles F. Richter apresentou em 1935 a *Escala Richter de Magnitude*, calculada como o logaritmo decimal da amplitude máxima do registro sísmico, em mícron (10^{-6}m), registrada por sismógrafo do tipo Wood-Anderson, a uma distância de 100 km do epicentro do sismo. Como, em geral, não se tem sismógrafo distante do epicentro naquela distância, é necessário se fazer uma correção, quando então se tem para a magnitude M:

$$M = \log_{10} A - \log_{10} A_0 \qquad \text{(Equação 4.1)}$$

A é a amplitude máxima do registro sísmico e A_0 é um fator de correção que corresponde a uma leitura do sismógrafo produzida por um sismo padrão ou de calibração. Geralmente é adotado como 0,001mm. A energia E liberada, em Joules, por um sismo de magnitude M na escala Richter é avaliada empiricamente como:

$$\log_{10} E = 11,4 + 1,5M \qquad \text{(Equação 4.2)}$$

Sismos com magnitude menor do que cinco geralmente provocam danos de pouca monta. Já os de magnitude superior a cinco são potencialmente muito destrutivos. A profundidade do hipocentro é um fator que também afeta os efeitos destrutivos de um sismo. Um sismo com hipocentro muito profundo pode ter efeito destrutivo menor do que outro de igual magnitude, em que o hipocentro esteja mais próximo da superfície. Na Tabela 4.1 encontram-se a listados alguns terremotos históricos, com o ano em que ocorreram, local e magnitude.

Embora a magnitude quantifique a energia liberada por um sismo, não fornece indicação dos danos por ele causados, que são diferentes nos diversos locais afetados. A *intensidade* é uma medida destes danos. Entenda-se que um mesmo sismo irá receber classificações de intensidade diferentes em diferentes locais, sendo seus efeitos mais severos sentidos mais próximo aos epicentros.

A primeira escala de intensidades foi desenvolvida em 1883 por *Rossi* e *Forel*. Em 1902 *Mercalli* e em 1904 *Cancani* apresentaram suas escalas. Entretanto, em 1931, *Newmann* e *Wood* apresentaram a *Escala Modificada de Mercalli (MMI)* de uso muito difundido, e que apresenta 12 gradações de intensidade, apresentadas na Tabela 4.2.

Ano	Local	Magnitude
1906	São Francisco, Califórnia, EUA	8,3
1940	El Centro, Califórnia, EUA	7,1
1943	Chile	7,9
1957	Cidade do México, México	7,9
1970	Peru	7,6
1985	Cidade do México, México	8,5
1989	Loma Prieta, Califórnia, EUA	7,1
1995	Kobe, Japão	7,2

Tabela 4.1 – Listagem de alguns terremotos históricos.

Intensidade	Descrição
I	Imperceptível para as pessoas. Corresponde aos efeitos secundários e de componentes de período longo de grandes terremotos.
II	Sentido por pessoas em repouso, em andares altos ou em locais muito favoráveis para isto.
III	Sentido no interior de edificações. Objetos suspensos balançam. Vibração similar ao tráfego de caminhões leves. A duração pode ser estimada. Pode ser reconhecido como um terremoto.
IV	Objetos suspensos balançam. Vibração similar ao tráfego de caminhões pesados, ou sensação de impacto similar à de uma bola pesada batendo nas paredes. Carros parados balançam. Janelas, pratos e portas vibram. Vidros estalam. Louças se entrechocam. Na faixa superior da intensidade IV, paredes de madeira e pórticos fissuram.

Intensidade	Descrição
V	Sentido nas ruas; a direção pode ser estimada. Pessoas acordam. Líquidos são perturbados, alguns são derramados. Pequenos objetos instáveis são deslocados ou derrubados. Portas oscilam, fecham e abrem. Venezianas e quadros movem-se. Relógios de pêndulo param, voltam a funcionar ou alteram o seu ritmo.
VI	Sentido por todos. Muitos se assustam e correm para as ruas. As pessoas andam de forma instável. Janelas, pratos e objetos de vidro são quebrados. Pequenos objetos, livros, etc. caem das estantes. Quadros caem das paredes. A mobília é deslocada ou tombada. Reboco e alvenaria fracos apresentam rachaduras. Pequenos sinos (de igrejas e escolas) tocam. Árvores e arbustos movem-se visivelmente.
VII	Difícil manter-se de pé. Notado pelos motoristas. Objetos suspensos oscilam fortemente. A mobília quebra-se. Danos e rachaduras em alvenaria fraca. Queda de reboco; tijolos, pedras, telhas, cornijas, parapeitos não contraventados e ornamentos arquitetônicos soltam-se. Algumas rachaduras em alvenaria normal. Ondas em reservatórios e água turva com lama. Pequenos escorregamentos e formação de cavidades em taludes de areia ou pedregulho. Sinos grandes tocam. Canais de irrigação de concreto danificados.
VIII	Condução de veículos afetada. Danos e colapso parcial em alvenaria comum. Algum dano em alvenaria sólida e nenhum em alvenaria reforçada. Queda de estuque e de algumas paredes de alvenaria. Torção e queda de chaminés, inclusive as de fábricas, monumentos, torres e tanques elevados. Casas em pórtico movem-se em suas fundações, quando não arrancadas do solo. Pilhas de destroços derrubadas. Galhos quebram-se nas árvores. Mudanças na vazão ou temperatura de fontes. Rachaduras em chão úmido ou taludes íngremes.
IX	Pânico geral. Alvenaria fraca destruída; alvenaria comum fortemente danificada, as vezes com colapso total. Alvenaria sólida seriamente danificada. Danos gerais em fundações. Estruturas em pórtico, quando não arrancadas, deslocadas em suas fundações. Pórticos rachados. Rachaduras significativas no solo. Em áreas de aluvião, areia e lama arrastadas; criam-se minas d'água e crateras na areia.
X	A maioria das alvenarias e estruturas em pórtico destruídas com suas fundações. Algumas estruturas de madeira bem construídas e pontes destruídas. Danos sérios em barragens, diques e taludes. Grandes deslizamentos de terra. Água lançada nas margens de canais, rios, lagos etc. e lama lançada horizontalmente em praias e terrenos planos. Trilhos ligeiramente entortados.
XI	Trilhos bastante entortados. Tubulações subterrâneas completamente fora de serviço.
XII	Destruição praticamente total. Grandes massas de rocha deslocadas. Linhas de visão e nível distorcidas. Objetos lançados no ar.

Tabela 4.2 – Escala de intensidade modificada de Mercali.

No projeto de estruturas resistentes a sismos, magnitude e intensidade fornecem pouca informação utilizável. Em termos de engenharia, a característica mais importante de um sismo é o histórico no tempo de suas acelerações. Em geral, a aceleração é medida segundo três direções, Norte-Sul (componente NS), Leste-Oeste (componente LO) e vertical. Na Figura 4.1 encontram-se as acelerações, em forma de um acelerograma, dos primeiros 10 segundos de um terremoto muito citado, o de El Centro, Califórnia, ocorrido em 1940 (componente N-S).

Os regulamentos nacionais dividem o território em regiões, chamadas de *zonas sísmicas*, e para cada uma delas fornecem as informações necessárias para a determinação da carga sísmica a ser utilizada, como os espectros de resposta para projeto. São também definidos critérios específicos de projeto relativos à resistência sísmica.

No Brasil, até muito recentemente, não se dispunha de normalização específica para o projeto anti-sísmico das estruturas. Um conjunto de Normas, relativas à resistência sísmica das estruturas de edifícios, está em processo de desenvolvimento pela Associação Brasileira de Normas Técnicas (ABNT). A primeira destas normas a ser promulgada foi a NBR 15421 – Norma Brasileira de Estruturas Resistentes a Sismos.

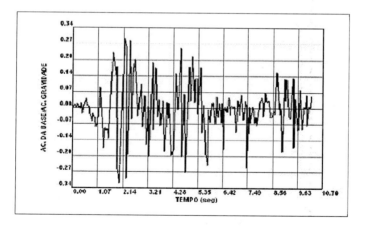

Figura 4.1 – Acelerações NS do terremoto de El Centro (1940).

4.3. Definição das Forças Sísmicas de Projeto

Para estabelecer os procedimentos a serem adotados na análise sísmica de uma estrutura, inclusive as cargas sísmicas de projeto, a Norma NBR 15421 considera a zona sísmica onde a estrutura está situada, as características do terreno de fundação, o tipo de ocupação, o sistema estrutural, a regularidade e ductilidade da estrutura e outros aspectos que serão a seguir comentados.

As cargas sísmicas definidas na Norma consideram a capacidade de dissipação de energia no regime inelástico das estruturas, o que conduz aos requisitos específicos por ela definidos.

De acordo com a NBR 8681, as ações sísmicas são consideradas como ações excepcionais. As verificações exigidas nos estados limites de serviço de deformações excessivas, tem o objetivo principal de limitação dos danos causados pelos sismos às edificações.

Com relação às combinações de carga últimas a considerar, elas são definidas como excepcionais, de acordo com a NBR 8681. Os coeficientes de ponderação a considerar são:

- γ_g – de acordo com os valores definidos nas Tabelas 1 e 2 da NBR 8681 para ações permanentes na combinação última excepcional; especificamente para edificações onde as cargas acidentais não superem 5 kN/m², quando o efeito é desfavorável deve ser considerado $\gamma_g = 1,2$;
- $\gamma_{\text{á}} = 0,0$ de acordo com a Tabela 3 da NBR 8681 para efeitos de recalques de apoio e da retração dos materiais na combinação última excepcional;
- $\gamma_q = 1,0$ de acordo com as Tabelas 4 e 5 da NBR 8681 para ações variáveis na combinação última excepcional;
- $\gamma_{\text{exc}} = 1,0$ de acordo com o item 5.1.4.3 da NBR 8681 para ações excepcionais na combinação última excepcional.

4.3.1. Zoneamento Sísmico Brasileiro

Para a definição das ações sísmicas a serem consideradas no projeto, a Norma NBR 15421 define o zoneamento sísmico que é reproduzido na Figura 4.2. Os valores definidos como característicos nominais para as ações sísmicas são aqueles que têm 10% de probabilidade de serem ultrapassados no sentido desfavorável, durante um período de 50 anos, o que corresponde a um período de retorno de 475 anos.

Cinco zonas sísmicas são definidas na Figura 4.2, considerando a variação de a_g, aceleração sísmica horizontal máxima padronizada para terrenos da Classe B ("Rocha", conforme definido no item 4.3.2), nas faixas definidas na Tabela 4.3.

Observe-se que a Figura 4.2 reflete a baixa sismicidade do território brasileiro, que apresenta, na maior parte de seu território, valores de a_g inferiores a 0,025g. Duas exceções devem ser observadas:
- parte oeste das Regiões Norte e Centro-Oeste, influenciada pela proximidade com a borda da placa tectônica que acompanha a costa do Pacífico e a Cordilheira dos Andes, região esta que é a sismicamente mais ativa do mundo;
- partes dos Estados do Ceará, Rio Grande do Norte e Paraíba, influenciadas pela proximidade com a borda da placa tectônica que acompanha a Crista Central do Atlântico.

Zona sísmica	Valores de a_g
Zona 0	$a_g = 0{,}025g$
Zona 1	$0{,}025g \le a_g \le 0{,}05g$
Zona 2	$0{,}05g \le a_g \le 0{,}10g$
Zona 3	$0{,}10g \le a_g \le 0{,}15g$
Zona 4	$a_g = 0{,}15g$

Tabela 4.3 – Definição das zonas sísmicas.

Para estruturas localizadas nas Zonas Sísmicas 1 a 3, os valores a serem considerados para a_g podem ser obtidos por interpolação nas curvas da Figura 4.2. Um estudo sismológico e geológico específico para a definição de a_g pode ser opcionalmente efetuado para o projeto de qualquer estrutura.

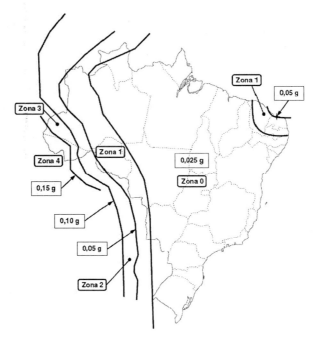

Figura 4.2 – Mapeamento da aceleração sísmica horizontal característica no Brasil para terrenos da Classe B ("Rocha").

4.3.2. Definição da Classe do Terreno

Quando da ocorrência de um sismo, é fato constatado que seus efeitos locais dependem das características dos terrenos que se apresentam na superfície. A origem do terremoto sendo no interior da Terra, quando da chegada das ondas sísmicas à superfície, elas são afetadas pelas características de rigidez e amortecimento das camadas superficiais do terreno. Terrenos mais fracos tendem a amplificar as ondas sísmicas, especialmente em suas componentes de menor freqüência. Um estudo da amplificação sísmica no solo deve ser feito para cada estrutura, levando em conta as características locais de cada terreno. A Norma NBR 15421 leva em conta estes efeitos de forma aproximada, através de fatores que são aplicados a um espectro de projeto básico, modificando-o, de forma a considerar as características locais específicas dos terrenos de fundação.

Aplicações da Dinâmica à Engenharia Sísmica □ 133

Classe do terreno	Designação da Classe do terreno	Propriedades médias para os 30m superiores do terreno	
		$\overline{v_s}$, velocidade média de propagação de ondas de cisalhamento	$\overline{N}$, número médio de golpes no ensaio SPT
A	Rocha sã	$\overline{v_s} \geq 1500$ m/s	(não aplicável)
B	Rocha	1500 m/s $\geq \overline{v_s} \geq$ 760 m/s	(não aplicável)
C	Rocha alterada ou solo muito rígido	760 m/s $\geq \overline{v_s} \geq$ 370 m/s	$\overline{N} \geq 50$
D	Solo rígido	370 m/s $\geq \overline{v_s} \geq$ 180 m/s	$50 \geq \overline{N} \geq 15$
E	Solo mole	$\overline{v_s} \leq 180$ m/s	$\overline{N} \leq 15$
E	–	Qualquer perfil incluindo camada com mais de 3m de argila mole	
F	–	Solo exigindo avaliação específica, como: 1. solos vulneráveis à ação sísmica, como solos liquefazíveis, argilas muito sensíveis e solos colapsíveis fracamente cimentados; 2. turfa ou argilas muito orgânicas; 3. argilas muito plásticas; 4. estratos muito espessos (? 37m) de argila mole ou média.	

Tabela 4.4 – Definição da classe do terreno.

O terreno de fundação pode ser categorizado em seis Classes, associadas aos valores numéricos de parâmetros médios de resistência avaliados nos 30 m superiores do terreno. A velocidade média de propagação de ondas de cisalhamento $\overline{v_s}$ no terreno é o parâmetro preferencial nesta classificação. Quando esta velocidade não for conhecida, será permitida a classificação do terreno a partir do número médio de golpes $\overline{N}$ no ensaio SPT, conforme mostrado na Tabela 4.4.

As Classes de rocha, A ou B, não podem ser consideradas se houver uma camada superficial de solo superior a 3 m. Nestes casos, o terreno deve ser categorizado de acordo com as propriedades desta camada superficial. Para solos estratificados, os valores médios $\overline{v_s}$ e $\overline{N}$ são obtidos em função destes mesmos valores v_{si} e N_i nas diversas camadas i, através das equações 4.3, em que d_i é a espessura de cada uma das camadas do subsolo:

$$\overline{v_s} = \frac{\sum_{i=1}^{n} d_i}{\sum_{i=1}^{n} \frac{d_i}{v_{si}}}$$ (Equação 4.3a)

$$\overline{N} = \frac{\sum_{i=1}^{n} d_i}{\sum_{i=1}^{n} \frac{d_i}{N_i}}$$ (Equação 4.3b)

4.3.3. Definição das Categorias de Utilização

Para o efeito da definição dos critérios de resistência de uma estrutura, estas são categorizadas em função da importância de sua utilização. A categoria II inclui as estruturas cuja ruptura pode implicar em um risco substancial para a vida humana. A categoria III inclui as estruturas consideradas como essenciais no caso da ocorrência de um sismo. A categoria I corresponde às edificações usuais e inclui todas as demais estruturas.

As categorias de utilização e os respectivos valores do *fator de importância de utilização (I)*, a ser aplicado no projeto, são definidos na Tabela 4.5. Observar que as estruturas necessárias ao acesso às estruturas de categoria II ou III, também deverão ser categorizadas como tal.

Categorias de utilização	Natureza da ocupação	Fator I
I	Todas as estruturas não classificadas como de categoria II ou III.	1,0

Categorias de utilização	Natureza da ocupação	Fator I
II	Estruturas de importância substancial para a preservação da vida humana no caso de ruptura, incluindo, mas não estando limitadas às seguintes: • estruturas em haja reunião de mais de 300 pessoas em uma única área; • estruturas para educação pré-escolar com capacidade superior a 150 ocupantes; • estruturas para escolas primárias ou secundárias com mais de 250 ocupantes; • estruturas para escolas superiores ou para educação de adultos com mais de 500 ocupantes; • instituições de saúde para mais de 50 pacientes, mas sem instalações de tratamento de emergência ou para cirurgias; • instituições penitenciárias; • quaisquer outras estruturas com mais de 5000 ocupantes; • instalações de geração de energia, de tratamento de água potável, de tratamento de esgotos e outras instalações de utilidade pública não classificadas como de categoria III; • instalações contendo substâncias químicas ou tóxicas cujo extravasamento possa ser perigoso para a população, não classificadas como de categoria III.	1,25
III	Estruturas definidas como essenciais, incluindo, mas não estando limitadas, às seguintes: • instituições de saúde com instalações de tratamento de emergência ou para cirurgias; • prédios de bombeiros, de instituições de salvamento e policiais e garagens para veículos de emergência; • centros de coordenação, comunicação e operação de emergência e outras instalações necessárias para a resposta em emergência; • instalações de geração de energia e outras instalações necessárias para a manutenção em funcionamento das estruturas classificadas como de categoria III; • torres de controle de aeroportos, centros de controle de tráfego aéreo e hangares de aviões de emergência; • estações de tratamento de água necessárias para a manutenção de fornecimento de água para o combate ao fogo; • estruturas com funções críticas para a Defesa Nacional; • instalações contendo substâncias químicas ou tóxicas consideradas como altamente perigosas, conforme classificação de autoridade governamental designada para tal.	1,50

Tabela 4.5 – Definição das categorias de utilização e dos fatores I de importância de utilização.

4.3.4. Definição das Categorias Sísmicas

Para cada estrutura será definida uma categoria sísmica, em função de sua zona sísmica, conforme definido na Tabela 4.6. As categorias sísmicas são utilizadas para definir os sistemas estruturais permitidos, limitações nas suas irregularidades e os tipos de análises sísmicas que devem ser realizadas.

Zona sísmica	Categoria sísmica
Zonas 0 e 1	A
Zona 2	B
Zonas 3 e 4	C

Tabela 4.6 – Definição da categoria sísmica

4.3.5. Definição dos Espectros de Resposta de Projeto

As solicitações sísmicas básicas são definidas a partir dos espectros de projeto. O espectro de resposta de projeto, $S_a(T)$, segundo a Norma NBR 15421, para acelerações horizontais, corresponde à resposta elástica de um sistema de um grau de liberdade com uma fração de amortecimento crítico igual a 5%. O espectro é construído a partir das acelerações espectrais a_{gs0} e a_{gs1}, definidas a seguir para os períodos de 0,0s e 1,0s, respectivamente, a partir da aceleração sísmica de projeto a_g e da classe do terreno, de acordo com as Equações 4.4:

$$a_{gs0} = C_a . a_g \qquad a_{gs1} = C_v . a_g \qquad \text{(Equação 4.4)}$$

C_a e C_v são os fatores de amplificação sísmica no solo, para os períodos de 0,0s e 1,0s, respectivamente, definidos na Tabela 4.7 em função da aceleração básica de projeto a_g e da classe do terreno. T é o período próprio (em s), associado o cada um dos modos de vibração da estrutura. O espectro de resposta de projeto é considerado como aplicado à base da estrutura.

Classe do terreno	C_a		C_v	
	$a_g \leq 0{,}10g$	$a_g = 0{,}15g$	$a_g \leq 0{,}10g$	$a_g = 0{,}15g$
A	0,8	0,8	0,8	0,8
B	1,0	1,0	1,0	1,0
C	1,2	1,2	1,7	1,7
D	1,6	1,5	2,4	2,2
E	2,5	2,1	3,5	3,4

Tabela 4.7 – Definição dos fatores C_a e C_v de amplificação sísmica no solo.

Para valores de $0{,}10g$ d" a_g d" $0{,}15g$ os valores de C_a e C_v podem ser obtidos por interpolação linear. Para a classe do terreno F, um estudo específico de amplificação no solo deverá ser elaborado.

O espectro de resposta de projeto, $S_a(T)$, é expresso graficamente na Figura 4.3 e definido numericamente nas três faixas de períodos pelas equações 4.5:

1. $S_a(T) = a_{gso} \cdot (18{,}75 \cdot T \cdot C_a / C_v + 1{,}0)$ (para 0 d" T d" $C_v / C_a \cdot 0{,}08$)
   (Equação 4.5a)

2. $S_a(T) = 2{,}5 \cdot a_{gso}$ (para $C_v / C_a \cdot 0{,}08$ d" T d" $C_v / C_a \cdot 0{,}4$)
   (Equação 4.5b)

3. $S_a(T) = a_{gs1} / T$ (para T e" $C_v / C_a \cdot 0{,}4$) (Equação 4.5c)

O espectro para acelerações verticais tem valores de 50% das acelerações correspondentes definidas nos espectros para acelerações horizontais.

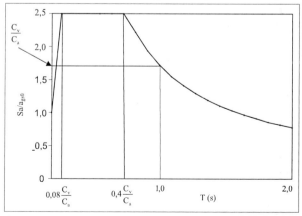

Figura 4.3 – Variação do espectro de resposta de projeto (S_a / a_{gso}) em função do período.

4.4. Métodos de Análise Sísmica

4.4.1. Análise para a Categoria Sísmica A

A maior parte das estruturas localizadas em território nacional será classificada como de categoria sísmica A. Os requisitos de resistência sísmica para estas estruturas são bastante simplificados.

Para as estruturas localizadas na Zona Sísmica 0, nenhum requisito de resistência sísmica será exigido.

As estruturas localizadas na Zona Sísmica 1 deverão resistir a cargas horizontais aplicadas simultaneamente a todos os pisos, em cada uma de duas direções ortogonais, com valor numérico igual a:

$$F_x = 0{,}01 w_x \qquad \text{(Equação 4.6)}$$

Onde:
F_x: é a força sísmica de projeto correspondente ao piso x.
w_x: é o peso total correspondente ao piso x, incluindo o peso operacional de todos os equipamentos fixados na estrutura e dos reservatórios de água. Nas áreas de armazenamento e estacionamento, este peso incluirá 25% da carga acidental.

4.4.2. Método das Forças Horizontais Equivalentes

4.4.2.1. Força Horizontal Total na Base

As estruturas de categoria sísmica B e C poderão ser analisadas pelo método das forças horizontais equivalentes, conforme definido a seguir, ou por um dos métodos dinâmicos descritos nos itens subseqüentes. A aplicação de um dos métodos dinâmicos poderá ser interessante do ponto de vista de economia para a estrutura.

No método das forças horizontais equivalentes, a ação sísmica é representada por um conjunto de forças estáticas proporcionais às cargas gravitacionais atuantes na estrutura.

A força horizontal total na base da estrutura, em uma dada direção, é determinada de acordo com a expressão:

$$H = C_s W \qquad \text{(Equação 4.7)}$$

W é o peso total da estrutura, considerando todas as cargas permanentes, incluindo o peso operacional de equipamentos fixados na estrutura e dos reservatórios de água. Em áreas de armazenamento e estacionamento 25% da carga acidental deve ser incluída. C_s é o coeficiente de resposta sísmica é definido como:

$$C_s = \frac{2,5.(a_{gs0}/g)}{(R/I)} \qquad \text{(Equação 4.8)}$$

A grandeza a_{gs0}, aceleração espectral para o período de 0,0s, é definida no item 4.3.5. O fator de importância de utilização I está definido na Tabela 4.5 e o coeficiente de modificação de resposta R é definido na Tabela 4.9.

Às estruturas com maior capacidade de dissipação de energia em regime não-linear, expressa através de um maior coeficiente R, corresponderão menores forças estáticas equivalentes. Às estruturas com maior importância, do ponto de vista de utilização após um sismo, expressa através de um maior coeficiente I, corresponderão maiores forças estáticas equivalentes.

O coeficiente de resposta sísmica não precisa ser maior que o valor abaixo:

$$C_s = \frac{(a_{gs1}/g)}{T(R/I)} \qquad \text{(Equação 4.9)}$$

O período natural da estrutura T deve ser determinado conforme explicado no item 4.4.2.2. O valor mínimo para C_s é 0,01.

4.4.2.2. Determinação do Período

O período natural da estrutura T pode ser obtido por um processo analítico de extração modal, que leve em conta as características mecânicas e de massa da estrutura. O período avaliado desta forma não poderá ser maior do que o produto do coeficiente de limitação do período C_{up}, definido na Tabela 4.8 em função da zona sísmica à qual a estrutura em questão pertence, vezes o período natural aproximado da estrutura T_a, obtido através da expressão abaixo:

$$T_a = C_T h_n^x \qquad \text{(Equação 4.10)}$$

Nesta expressão, os coeficientes C_T (coeficiente de período da estrutura) e x são definidos por:

- $C_T = 0{,}0724$ e $x = 0{,}8$ para estruturas em que as forças sísmicas horizontais são 100% resistidas por pórticos de aço momento-resistentes, não sendo estes ligados a sistemas mais rígidos que impeçam sua livre deformação quando submetidos à ação sísmica;
- $C_T = 0{,}0466$ e $x = 0{,}9$ para estruturas em que as forças sísmicas horizontais são 100% resistidas por pórticos de concreto, não sendo estes ligados a sistemas mais rígidos que impeçam sua livre deformação quando submetidos à ação sísmica;
- $C_T = 0{,}0731$ e $x = 0{,}75$ para estruturas em que as forças sísmicas horizontais são resistidas em parte por pórticos de aço contraventados com treliças;
- $C_T = 0{,}0488$ e $x = 0{,}75$ para todas as outras estruturas;
- h_n é a altura em metros da estrutura acima da base.

Como alternativa à determinação analítica de T, pode-se utilizar diretamente o período natural aproximado da estrutura T_a dado pela Equação 4.7.

Zona sísmica	Coeficiente de limitação do período (C_{up})
Zona 2	1,7
Zona 3	1,6
Zona 4	1,5

Tabela 4.8 – Coeficiente de limitação do período.

4.4.2.3. Distribuição Vertical das Forças Sísmicas

A força horizontal total na base (H) deve ser distribuída verticalmente entre as várias elevações da estrutura, de forma que, em cada elevação x, seja aplicada uma força F_x definida de acordo com a expressão:

$$F_x = C_{vx} H \qquad \text{(Equação 4.11)}$$

Onde:

$$C_{vx} = \frac{w_x \cdot h_x^k}{\sum_{i=1}^{n} w_i h_i^k} \qquad \text{(Equação 4.12)}$$

C_{vx}: é o coeficiente de distribuição vertical;
w_i ou w_x: parcelas do peso efetivo total que corresponde às elevações i ou x;
h_i ou h_x: altura entre a base e as elevações i ou x;
n: é o número total de andares da edificação;
k: expoente de distribuição, relacionado ao período natural da estrutura T. Podem ser tomados para k os seguintes valores:

a) para estruturas com período inferior a 0,5s, k = 1;
b) para estruturas com períodos entre 0,5s e 2,5s, k = (T + 1,5)/2;
c) para estruturas com período superior a 2,5s, k = 2.

Os diversos valores do coeficiente k refletem a importância relativa dos modos superiores na composição dos esforços elásticos finais.

Estruturas relativamente mais rígidas, com período inferior a 0,5s, têm o valor recomendado de k = 1, que expressa uma variação linear de acelerações, crescendo a partir da base.

Estruturas relativamente mais flexíveis, com período superior a 2,5s, têm o valor recomendado de k = 2, que expressa uma variação em parábola de segundo grau para as acelerações, o que busca capturar a importância relativamente maior do momento na base, com relação à força horizontal total.

4.4.2.4. Sistemas Básicos Sismos-Resistentes

Os sistemas estruturais sismo-resistentes terão uma determinada capacidade de dissipação de energia por deformação em regime elasto-plástico, que será função dos tipos dos sistemas estruturais, dos materiais e da aplicação de requisitos específicos de detalhamento que assegurem uma maior dissipação de energia no domínio não-linear. A Norma reconhece diversos tipos de sistemas estruturais padronizados, alguns dos quais estão listados na Tabela 4.9. Também estão definidos nesta tabela os coeficientes de modificação de resposta R, os coeficientes de sobre-resistência $\grave{U}_0$ e os coeficientes de amplificação de deslocamentos C_d, a serem utilizados para a determinação das forças sísmicas de projeto e dos deslocamentos na estrutura.

Os coeficientes de modificação de resposta R representam a capacidade do sistema estrutural continuar se deformando no regime não-linear, sem substancial aumento das respectivas forças elásticas equivalentes. Estes coeficientes reduzem, portanto, as forças que seriam obtidas por uma análise puramente linear. Os coeficientes de sobre-resistência $\grave{U}_0$ se aplicam a elementos do sistema estrutural que devem continuar a ter comportamento elástico durante o sismo, o que é o caso, por exemplo, de elementos predominantemente comprimidos. Estes coeficientes corrigem as forças reduzidas obtidas aplicando-se os coeficientes de modificação de resposta R. Os coeficientes de amplificação dos deslocamentos C_d corrigem os deslocamentos obtidos com as forças reduzidas obtidas aplicando-se os coeficientes de modificação de resposta R.

Na Tabela 4.9, entende-se como detalhamento usual, aquele que corresponde ao atendimento aos requisitos das Normas Brasileiras NBR 6118, para os elementos de concreto armado e protendido, NBR 8800, para os elementos de aço estrutural e NBR 6122 para as fundações. Os detalhamentos intermediário e especial correspondem a níveis de detalhamento que garantem uma determinada capacidade de dissipação de energia da estrutura no regime não-linear. Os requisitos para estes níveis de detalhamento serão futuramente definidos por Norma Brasileira específica. Somente os sistemas com detalhamento usual foram listados na Tabela 4.9.

Na Tabela 4.9 define-se como pêndulo invertido o sistema estrutural em que uma parte significativa de sua massa está concentrada no topo.

4.4.2.4.1. Sistemas Duais

Os sistemas duais são aqueles em que se a resistência sísmica é obtida com a utilização de dois sistemas de características diferentes. Os sistemas definidos como duais são compostos por um pórtico momento-resistente e por outro tipo de sistema. Neste caso, o pórtico momento-resistente deverá resistir a pelo menos 25% da força sísmica total. A divisão das forças sísmicas entre os elementos que compõem os sistemas duais, será de acordo com a sua rigidez relativa.

A utilização dos coeficientes definidos na Tabela 4.9 para os sistemas duais é mais econômica do que a simples combinação de sistemas resistentes, como definido no item 4.4.2.4.2.

Sistema básico sismo-resistente	R	Ω_0	C_d
Pilares-parede de concreto com detalhamento usual.	4	2,5	4
Pórticos de concreto com detalhamento usual.	3	3	2,5
Pórticos de aço momento-resistentes com detalhamento usual.	3,5	3	3
Pórticos de aço contraventados em treliça, com detalhamento usual.	3,25	2	3,25
Sistema dual, composto de pórticos com detalhamento usual e pilares-parede de concreto com detalhamento usual.	4,5	2,5	4
Estruturas do tipo pêndulo invertido e sistemas de colunas em balanço.	2,5	2	2,5

Tabela 4.9 – Coeficientes de projeto para alguns dos sistemas básicos sismo–resistentes.

4.4.2.4.2. Combinação de Sistemas Resistentes

Em duas direções ortogonais não há restrição à utilização de diferentes sistemas resistentes, devendo ser aplicados a cada direção os respectivos coeficientes R, Ω_0 e C_d definidos na Tabela 4.9.

Em cada uma das direções ortogonais da estrutura, a resistência de diferentes sistemas pode ser somada. Podem ser utilizadas outras combinações, além dos sistemas duais explicitamente definidos na Tabela 4.9. Neste caso, em cada uma das direções horizontais devem ser considerados os valores mais desfavoráveis para os coeficientes R, Ω_0 e C_d correspondentes aos sistemas utilizados.

Quando houver modificação de tipo de sistema na vertical, em um mesmo sistema resistente, não pode se aplicar valores menos desfavoráveis para estes coeficientes, em um pavimento, do que os usados nos pavimentos superiores. Não é necessário se aplicar esta limitação para subestruturas leves, apoiadas em uma estrutura principal, cujo peso não ultrapasse 10% do peso total desta estrutura.

4.4.3. Métodos Dinâmicos

Os métodos dinâmicos podem ser aplicados seguindo dois procedimentos: análise por espectro de resposta ("response spectrum analysis"), cujos fundamentos foram apresentados nos Capítulos 2 e 3, e análise com histórico no tempo ("time-history analysis"), apresentada no capítulo 3.

4.4.3.1. Análise por Espectro de Resposta

O item 4.3.5 define os espectros de resposta de acordo com a Norma NBR 15421. A Figura 4.3 expressa graficamente esta definição.

Na análise espectral, todos os modos que tenham contribuição significativa na resposta da estrutura devem ser considerados na determinação desta resposta. Para tanto, a Norma exige que o número de modos usado para o cálculo da resposta seja suficiente para capturar ao menos 90% da massa total em cada uma das direções ortogonais consideradas na análise.

4.4.3.1.1. Combinação das Respostas Modais

Os espectros de projeto devem ser aplicados nas direções ortogonais analisadas. Observar que quando os espectros forem aplicados na direção vertical, conforme definido no item 4.3.5, suas ordenadas deverão corresponder a 50% das correspondentes na direção horizontal.

Todas as respostas modais obtidas em termos de forças, momentos e reações de apoio devem ser multiplicadas pelo fator I/R, de forma a considerar estes dois fatores.

Todas as respostas obtidas em termos de deslocamentos absolutos e relativos devem ser corrigidas, multiplicando-as pelo fator C_d/R.

As respostas elásticas finais poderão ser combinadas pela regras definidas no item 3.3.4.1. O critério da combinação-quadrática-completa (CQC – "quadratic-complete-combination") deve ter a preferência, por fornecer as respostas mais precisas.

Com relação às respostas elásticas devidas aos sismos aplicados em diferentes direções ortogonais, as respostas finais deverão ser combinadas através da regra da raiz quadrada da soma dos quadrados das respostas obtidas em cada uma das direções.

4.4.3.1.2. Verificação das Forças Obtidas

A Norma exige uma verificação das forças obtidas pelo processo espectral, por comparação com as mesmas forças obtidas pelo método das forças horizontais equivalentes.

A força horizontal total na base da estrutura H deverá ser determinada em cada uma das duas direções horizontais, pelo método das forças horizontais equivalentes, conforme descrito no item 4.4.2. Caso a força horizontal total na base H_t, determinada pelo processo espectral, em uma direção, for inferior a 0,85H, todas as forças elásticas obtidas nesta direção devem ser multiplicadas por $0,85H/H_t$. Esta correção não precisará ser aplicada no cálculo dos deslocamentos.

4.4.3.2. Análise com Históricos de Acelerações

A análise com históricos de acelerações no tempo deverá consistir da análise dinâmica de um modelo estrutural, submetido a históricos de acelerações no tempo (acelerogramas) aplicados à sua base, conforme detalhado no item 3.3.3.

Os históricos de acelerações deverão ser compatíveis com os espectros de projeto definidos para a estrutura.

4.4.3.2.1. Requisitos para os Acelerogramas

As análises consistirão na aplicação simultânea de um conjunto de acelerogramas, independentes entre si, nas direções ortogonais relevantes para cada estrutura.

Os acelerogramas poderão ser registros de eventos reais, compatíveis com as características sismológicas do local de estrutura, ou poderão ser acelerogramas gerados artificialmente. Os acelerogramas a serem aplicados deverão ser afetados de um fator de escala, de forma que os espectros de resposta na direção considerada, para o amortecimento de 5%, tenham valores médios não inferiores aos do espectro de projeto para uma faixa entre 0,2T e 1,5T, sendo T o período fundamental da estrutura nesta direção. Ao menos três conjuntos de acelerogramas deverão ser considerados na análise.

4.4.3.2.2. Definição dos Efeitos Finais da Análise

Para cada acelerograma analisado, as respostas obtidas em termos de forças, momentos e reações de apoio devem ser multiplicadas pelo fator I/R. Nenhuma correção é necessária para os deslocamentos obtidos.

A Norma exige uma verificação das forças obtidas pelo processo de análise com históricos de acelerações no tempo, por comparação com as mesmas forças obtidas pelo método das forças horizontais equivalentes. A força horizontal total na base da estrutura H deverá ser determinada pelo método das forças horizontais equivalentes, conforme descrito no item 4.4.2, mas usando o valor de $C_s = 0{,}01$. Caso a força horizontal máxima na base H_t, obtida com um determinado acelerograma, for inferior a H, todas as forças elásticas obtidas nesta direção, com este acelerograma, devem ser multiplicadas por H/H_t.

Os efeitos estruturais finais obtidos na análise corresponderão à envoltória dos efeitos estruturais máximos obtidos com cada um dos conjuntos de acelerogramas considerados.

4.5. Requisitos para o Projeto de Prédios

Além dos procedimentos comentados no item 4.2 para a obtenção das forças sísmicas em uma estrutura, a Norma NBR 15421 define outros requisitos relativos à aplicação destas cargas nas estruturas dos prédios.

Todo prédio deve possuir um sistema estrutural capaz de fornecer adequada rigidez, resistência e capacidade de dissipação de energia relativamente às ações sísmicas, no sentido vertical e em duas direções ortogonais horizontais, inclusive com um mecanismo de resistência a esforços de torção.

As ações sísmicas horizontais poderão atuar em qualquer direção de uma estrutura.

Um sistema contínuo de transferência de cargas deve ser projetado, com adequada rigidez e resistência, para garantir a transferência das forças sísmicas, desde os seus pontos de aplicação, até as fundações da estrutura. Deverão ser evitados sistemas com descontinuidades bruscas de rigidez ou de resistência em planta ou em elevação. Deve-se procurar obter uma distribuição uniforme e contínua de resistência, de rigidez e de dutilidade nas estruturas. Assimetrias significativas de massa e de rigidez deverão ser evitadas. São recomendados sistemas estruturais apresentando redundância, através de várias linhas de elementos sismo-resistentes verticais, conectados entre si por diafragmas horizontais de elevada dutilidade.

4.5.1. Configuração Estrutural

As estruturas de categoria sísmica B e C serão classificadas como regulares ou irregulares, de acordo a Norma. As estruturas irregulares têm menor eficiência no comportamento sismo resistente e conseqüentemente terão algumas restrições em sua utilização e alguns critérios de projeto serão mais rigorosos para elas.

4.5.1.1. Deformabilidade dos Diafragmas

Define-se como diafragma a parte horizontal do sistema estrutural sismo-resistente, usualmente composto pelas lajes de um piso, a ser projetado de forma a assegurar a transferência das forças sísmicas horizontais atuantes neste piso para os elementos verticais do sistema sismo-resistente. Existirão requisitos associados à classificação dos diafragmas como flexíveis ou rígidos.

Os diafragmas podem ser considerados como flexíveis se, quando aplicadas as cargas sísmicas horizontais, a máxima deflexão horizontal transversal a um eixo da estrutura paralelo ao eixo do diafragma, medida com relação à média dos deslocamentos relativos de pavimento dos pontos extremos deste eixo, é mais do que o dobro desta média dos deslocamentos dos pontos extremos.

Diafragmas de concreto que tenham uma relação entre vão e profundidade menor do que 3,0 e não apresentem as irregularidades estruturais no plano definidas na Tabela 4.11, podem ser classificados como rígidos.

4.5.1.2. Irregularidades no Plano

As estruturas apresentando uma ou mais das irregularidades listadas na Tabela 4.10 devem ser projetadas como tendo irregularidade estrutural no plano. Estas estruturas têm requisitos específicos, mais rigorosos de projeto, a serem considerados. Os requisitos associados à irregularidade do Tipo 1 não precisam ser considerados para prédios de até dois pavimentos.

Tipo de irregularidade	Descrição da irregularidade
1	Irregularidade de torção, definida quando em uma elevação, o deslocamento relativo de pavimento em uma extremidade da estrutura, avaliado incluindo a torção acidental, medido transversalmente a um eixo, é maior do que 1,2 vezes a média dos deslocamentos relativos de pavimento nas duas extremidades da estrutura, ao longo do eixo considerado. Os requisitos associados à irregularidade de torção não se aplicam se o diafragma é classificado como flexível, de acordo com o item 4.5.1.1.

Tipo de irregularidade	Descrição da irregularidade
2	Descontinuidades na trajetória de resistência sísmica no plano, como sistemas resistentes verticais consecutivos com eixos fora do mesmo plano.
3	Os elementos verticais dos sistemas sismo-resistentes não são paralelos ou simétricos com relação aos eixos ortogonais principais deste sistema.

Tabela 4.10 – Irregularidades Estruturais no Plano.

4.5.1.3. Irregularidades na Vertical

As estruturas apresentando uma ou mais das irregularidades listadas na Tabela 4.11 devem ser projetadas como tendo irregularidade estrutural na vertical. Estas estruturas têm requisitos específicos de projeto, a serem considerados.

As estruturas que apresentem irregularidades do Tipo 5, não poderão ter mais do que dois pavimentos, nem mais de 9m. Esta limitação não precisa considerada se as forças sísmicas forem multiplicadas pelo fator Ω_0 definido na Tabela 4.9.

4.5.2. Critérios para a Modelagem Estrutural

O modelo matemático da estrutura deverá considerar a rigidez de todos os elementos significativos para a distribuição de forças e deformações na estrutura, assim como representar a distribuição espacial de massa e de rigidez em toda a estrutura.

Caso a estrutura apresente irregularidade estrutural no plano dos Tipos 1, 2 ou 3, conforme definido na Tabela 4.10, um modelo tri-dimensional deverá ser utilizado. Neste modelo, cada nó deverá possuir ao menos três graus de liberdade, duas translações em um plano horizontal e uma rotação em torno de um eixo vertical. Quando os diafragmas não forem classificados como rígidos ou flexíveis, de acordo com o item 4.5.1.1, o modelo deverá incluir elementos que representem a rigidez destes diafragmas.

Os pesos a serem considerados nas análises, deverão considerar as cargas permanentes atuantes, incluindo o peso operacional de todos os equipamentos fixados na estrutura e dos reservatórios de água. Nas áreas de armazenamento, deverá ser incluída 25% da carga acidental.

Tipo de irregularidade	Descrição da irregularidade
4	Descontinuidades na trajetória de resistência sísmica na vertical, como sistemas resistentes verticais consecutivos no mesmo plano, mas com eixos afastados de uma distância maior de que seu comprimento ou quando a resistência entre elementos consecutivos é maior no elemento superior.
5	Caracterização de um "pavimento extremamente fraco", como aquele em que a sua resistência lateral é inferior a 65% da resistência do pavimento imediatamente superior. A resistência lateral é computada como a resistência total de todos os elementos sismo-resistentes presentes na direção em consideração.

Tabela 4.11 – Irregularidades Estruturais na Vertical.

4.5.2.1. Modelagem da Fundação

É permitido considerar-se na análise sísmica, as estruturas como perfeitamente fixadas à fundação. Esta hipótese é conservadora, já que a consideração dos efeitos de interação dinâmica solo-estrutura leva a um aumento no período próprio da estrutura, em virtude da consideração da flexibilidade da fundação e a um aumento em seu amortecimento, ambos os efeitos usualmente favoráveis relativamente à determinação das forças sísmicas de projeto.

A flexibilidade das fundações poderá ser considerada através da aplicação, à base da estrutura, de um conjunto de molas e amortecedores relativos a cada um dos diversos graus de liberdade da fundação. Na avaliação das propriedades dos solos a serem utilizadas na determinação destes parâmetros, deverá ser considerado o nível de deformações específicas presentes no solo quando da ocorrência do sismo de projeto. Uma variação paramétrica de 50%, de acréscimo ou de decréscimo com relação às propriedades dos solos mais prováveis deverá ser considerada na análise dinâmica.

4.5.2.2. Direção das Forças Sísmicas

Na análise de cada elemento do sistema sismo-resistente, a direção de aplicação das forças sísmicas na estrutura deverá ser a que produz o efeito mais crítico no elemento em questão.

As forças sísmicas poderão ser aplicadas separadamente em cada uma das direções ortogonais, sem considerar a superposição dos efeitos em duas direções.

As estruturas de categoria sísmica C que apresentarem irregularidades no plano do Tipo 3, conforme definido na Tabela 4.10, deverão ser verificadas, em cada uma das direções ortogonais, para uma combinação de 100% das cargas horizontais aplicadas em uma das direções com 30% das cargas aplicadas na direção perpendicular a esta.

Este último requisito também estará atendido se for realizada uma análise sísmica com históricos de acelerações no tempo, conforme definido no item 4.3.2.

4.5.2.3. Consideração da Torção

O projeto deverá incluir um momento de torção nos pisos causado pela excentricidade dos centros de massa relativamente aos centros de rigidez (M_t – momento de torção inerente), acrescido de um momento torsional acidental (M_{ta}). Este será determinado considerando-se um deslocamento do centro de massa, em cada direção, igual a 5% da dimensão da estrutura paralela ao eixo perpendicular à direção de aplicação das forças horizontais. Quando houver aplicação simultânea de forças horizontais nas duas direções, bastará considerar o momento acidental na direção mais crítica.

Nos casos das estruturas de categoria sísmica C, onde exista irregularidade estrutural no plano do Tipo 1, conforme definido na Tabela 4.10, os momentos torsionais acidentais M_{ta}, em cada elevação, devem ser multiplicados pelo fator de amplificação de torção (A_x), definido por:

$$A_x = \left[\frac{\delta_{max}}{1,2 \cdot \delta_{avg}}\right]^2 \leq 3,0 \qquad \text{(Equação 4.13)}$$

Nesta expressão, δ_{max} é o deslocamento horizontal máximo em uma direção, na elevação x em questão, e δ_{avg} é a média dos deslocamentos na mesma direção, nos pontos extremos da estrutura em um eixo transversal a esta direção.

4.5.3. Requisitos para os Diafragmas

As forças sísmicas horizontais F_x, correspondentes a cada elevação x, devem ser aplicadas a um modelo de distribuição destas forças entre os diversos elementos verticais sismo-resistentes, que considere a rigidez relativa dos diversos elementos verticais e dos diafragmas horizontais.

Os diafragmas horizontais em cada elevação da estrutura devem formar um sistema resistente auto-equilibrado capaz de transferir as forças sísmicas horizontais, de seus pontos de aplicação na elevação, até os pontos em que elas são transmitidas aos sistemas resistentes verticais.

As forças a serem aplicadas em cada elevação nos diafragmas horizontais, são as obtidas na análise estrutural. No método das forças estáticas equivalentes, estas são as forças F_x, definidas no item 4.4.2.3. Estas forças, para a verificação individual dos diafragmas de cada elevação, não podem ser inferiores a:

$$F_{px} = \frac{\sum_{i=x}^{n} F_i}{\sum_{i=x}^{n} w_i} w_x \qquad \text{(Equação 4.14)}$$

Onde:
F_{px}: é a força mínima a ser aplicada ao diafragma na elevação x;
F_i: é a força horizontal aplicada ao diafragma na elevação i;
w_i ou w_x: parcelas do peso efetivo total que corresponde às elevações i ou x;
n: número total de elevações do prédio.

Caso haja irregularidades do Tipo 2, conforme definido na Tabela 4.10, os diafragmas deverão ser capazes também de transferir as forças aplicadas das extremidades inferiores dos elementos resistentes verticais acima da elevação, para as extremidades superiores dos elementos abaixo da mesma.

Devem receber especial atenção as regiões de transferência das forças dos diafragmas para os elementos verticais dos sistemas sismo-resistentes. Nas estruturas de categoria sísmica C, estas regiões devem ser dimensionadas para o sismo horizontal incluindo sobre-resistência, conforme definido no item 4.5.9.

4.5.4. Verificação ao Tombamento

A estrutura deve ser calculada para resistir aos momentos de tombamento. Em um determinado andar, o momento de tombamento é calculado usando as forças sísmicas de todos os andares acima.

Para efeito de verificação do tombamento das estruturas (excetuando-se as estruturas do tipo pêndulo invertido), será permitida uma redução de 25% com relação ás forças determinadas de acordo com os procedimentos do item 4.4.2 (método das forças estáticas equivalentes) ou de 10% com relação às forças determinadas de acordo com o item 4.4.3.1 (método espectral).

4.5.5. Efeitos de Segunda Ordem

Acréscimos de segunda ordem nos momentos fletores e esforços cortantes, devidos às forças normais nos elementos estruturais e às deformações produzidas pela forças laterais de origem sísmica devem ser considerados. Este efeito é mais intenso nas colunas, por estas apresentarem grandes forças normais.

Os efeitos de segunda ordem devidos às forças sísmicas nos esforços estruturais e deslocamentos, não precisarão ser considerados se o coeficiente de estabilidade è, determinado pela expressão abaixo, for inferior a 0,10:

$$\theta = \frac{P_x . \Delta_x}{H_x . h_{sx} . C_d}$$ (Equação 4.15)

Onde:

P_x: força vertical em serviço atuando no pavimento x, obtida com fatores de ponderação de cargas iguais a 1,00.

$\ddot{A}_x$: deslocamentos relativos de pavimento, determinadas como definido no item 4.5.6.

H_x: força cortante sísmica atuante no pavimento x.

h_{sx}: distância entre as elevações correspondentes ao pavimento em questão.

C_d: coeficiente de amplificação de deslocamentos, conforme definido na Tabela 4.9.

O valor do coeficiente de estabilidade è não pode exceder o valor máximo $è_{max}$, definido de acordo com a expressão:

$$\theta_{max} = \frac{0{,}5}{C_d} \le 0{,}25 \qquad \text{(Equação 4.16)}$$

O valor do coeficiente de estabilidade referido a um pavimento x, θ_x, dado pela Equação 4.14, é a relação entre o acréscimo no momento de segunda ordem $P_x \cdot \Delta_x$ corrigido com o fator C_d e o acréscimo no momento de primeira ordem, $V_x \cdot h_{sx}$. Seja a Figura 4.4, onde é mostrada uma coluna representando o andar x genérico, os momentos de primeira ordem M_A e M_B nas extremidades da coluna, a força normal P_x, a força cortante V_x e o deslocamento relativo do andar Δ_x devido aos esforços de primeira ordem. Da referida figura entende-se que o momento de primeira ordem total no andar x, $V_x \cdot H_x$ é igual a $M_A + M_B$, sendo considerados os seus respectivos sinais algébricos. Entretanto, o acréscimo no momento de segunda ordem dado por $P_x \cdot \Delta_x$ provoca um deslocamento adicional do andar dado por:

$$\Delta_x^{(1)} = \Delta_x \cdot \frac{P_x \cdot \Delta_x}{V_x \cdot H_x} = \Delta_x \cdot \theta_x \qquad \text{(Equação 4.17)}$$

Por sua vez, este deslocamento adicional provoca um novo incremento de deslocamento igual a $\Delta_x^{(2)} = \Delta_x \cdot \theta^2$, e este último um outro incremento $\Delta_x^{(3)} = \Delta_x \cdot \theta^3$, e assim por diante. Portanto o deslocamento total do andar x incluindo o efeito de segunda ordem é dado pela série geométrica:

$$\Delta_{x_{Total}} = \Delta_x + \Delta_x \cdot \theta_x + \Delta_x \cdot \theta_x^2 + ... \qquad \text{(Equação 4.18)}$$

Que pode ser reescrita como:

$$\Delta_{x\,Total} = \Delta_x \cdot \left(\frac{1}{1-\theta_x}\right) \qquad \text{(Equação 4.19)}$$

Portanto o efeito de segunda ordem pode ser considerado pela multiplicação, em cada andar, dos deslocamentos de andar e esforços calculados pela relação:

$$\left(\frac{1}{1-\theta_x}\right) \qquad \text{(Equação 4.20)}$$

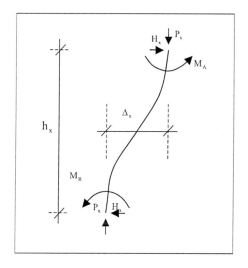

Figura 4.4 – Efeito de segunda ordem.

4.5.6. Limitação dos Deslocamentos

4.5.6.1. Determinação dos Deslocamentos

Inicialmente, é necessária a definição de alguns termos que serão utilizados. O deslocamento relativo de pavimento é a diferença entre os deslocamentos horizontais nas elevações correspondentes ao topo e ao piso do pavimento em questão, usualmente medidos nos seus respectivos centros de gravidade. Será chamada de elevação à parte de uma estrutura, usualmente composta por lajes e vigas, correspondente a um dos pisos da construção. Finalmente, será chamada de pavimento à parte de uma estrutura entre duas elevações sucessivas.

Os deslocamentos absolutos das elevações $ä_x$ devem ser determinadas com base na aplicação das forças sísmicas de projeto ao modelo matemático da estrutura. Nesta avaliação, as propriedades de rigidez dos elementos de concreto devem levar em conta a redução de rigidez pela fissuração. Os deslocamentos absolutos δ_x em uma elevação x, avaliadas em seu centro de massa, são obtidas através da expressão:

$$\delta_x = \frac{C_d \cdot \delta_{xe}}{I}$$ (Equação 4.21)

C_d é o coeficiente de amplificação de deslocamentos, definido na Tabela 4.9; δ_{xe} é o deslocamento determinado em uma análise estática utilizando as forças sísmicas definidas no item 4.4.2 e I é o fator de importância de utilização definido na Tabela 4.5. A limitação de períodos estabelecida no item 4.4.2.2 não precisará ser obedecida nesta análise.

Os deslocamentos relativos dos pavimentos Δ_x podem ser determinados como a diferença entre os deslocamentos absolutos nos centros de massa δ_x nas elevações acima e abaixo do pavimento em questão. Para as estruturas em que haja efeitos de torção importantes, estes devem ser considerados na avaliação dos deslocamentos relativos Δ_x de pavimento. Caso haja irregularidade no plano do Tipo 1, conforme definido na Tabela 4.10, para as estruturas de categoria sísmica C, os deslocamentos relativos devem ser calculadas como a máxima diferença entre os deslocamentos medidos ao longo das linhas do contorno da estrutura nas elevações acima e abaixo do pavimento em questão.

4.5.6.2. Limitações para Deslocamentos Relativos

As estruturas e as partes de uma estrutura separadas por juntas de construção, deverão apresentar entre si distâncias que permitam que não haja contato e dano entre as mesmas para os deslocamentos absolutos $\delta\ddot{a}_x$ nas elevações. Deve-se verificar se estes deslocamentos absolutos podem implicar em risco de dano para os elementos estruturais ou não estruturais a eles eventualmente fixados (por exemplo, se os deslocamentos nas juntas não desestabilizam elementos pré-moldados).

Os deslocamentos relativos Δ_x de um pavimento x, são limitados aos valores máximos definidos na Tabela 4.12. Este é um critério para limitar os danos fiscos às construções. A variável h_{sx} é a distância entre as elevações imediatamente acima e abaixo do pavimento em questão.

Categoria de utilização		
I	II	III
0,020 h_{sx}	0,015 h_{sx}	0,010 h_{sx}

Tabela 4.12 – Limitação para deslocamentos relativos de pavimento (Δ_x).

4.5.7. Fixação de Paredes e Subestruturas

4.5.7.1. Fixação de Paredes

As paredes de concreto ou de alvenaria devem ser construídas de forma que haja uma fixação direta das mesmas ao piso e ao teto da construção. As paredes e sua correspondente fixação à estrutura devem ser dimensionadas considerando uma força sísmica horizontal, no sentido transversal à parede, produzida por uma aceleração igual a:

$$a_{gl} = I \cdot a_{gso} \qquad \text{(Equação 4.22)}$$

Sendo I o fator de importância na tabela 4.5.

4.5.7.2. Fixação de Subestruturas

Todas as partes da estrutura devem ser adequadamente conectadas ao sistema estrutural sismo-resistente principal. Todas as ligações entre elementos estruturais deverão ser capazes de transmitir uma força sísmica horizontal, no sentido mais desfavorável, produzida por uma aceleração igual a a_{gs0}, conforme definido no item 4.3.5.

4.5.8. Elementos Suportando Pórticos e Paredes Descontínuos

Colunas, vigas, lajes e treliças suportando pórticos e paredes sismo-resistentes apresentando irregularidades dos Tipos 2 ou 4, conforme definido nas Tabelas 4.10 e 4.11, respectivamente, devem ser projetadas considerando os efeitos sísmicos na direção vertical (E_v) e os decorrentes do sismo horizontal, com o efeito da sobre-resistência (E_{mh}), conforme definido no item 4.5.9.

4.5.9. Efeitos do Sismo Vertical e do Sismo Horizontal com Sobre-Resistência

Os efeitos do sismo na direção vertical deverão ser considerados em seu sentido mais desfavorável e ser determinados de acordo com a expressão abaixo:

$$E_v = 0{,}5 \cdot (a_{gs0}/g) \cdot G \qquad \text{(Equação 4.23)}$$

E_v e G são, respectivamente, os efeitos do sismo vertical e das cargas gravitacionais.

Nas situações em que a Norma exige a verificação na condição de sobre-resistência, os efeitos dos sismos na direção horizontal serão amplificados de acordo com a expressão:

$$E_{mh} = \Omega_0 \cdot E_h \qquad \text{(Equação 4.24)}$$

E_{mh}, Ω_0 e E_h são, respectivamente, os efeitos do sismo horizontal incluindo a sobre-resistência, o coeficiente de sobre–resistência definido na Tabela 4.9, e os efeitos do sismo horizontal.

Aplicações da Dinâmica à Engenharia Sísmica ◻ 159

4.5.10. Requisitos Específicos de Detalhamento

Conforme visto na tabela 4.9, a versão proposta para a Norma NBR 15421 só prevê coeficientes de modificação de resposta R para estruturas com detalhamento usual. Existe a expectativa de que as próximas versões da Norma contemplem situações de detalhamento especial, que correspondam a uma situação mais favorável para dissipação de energia em regime não–linear. Nestes casos, que correspondem a estruturas de comportamento mais dútil, um maior valor de R poderá ser considerado com conseqüente redução nas forças sísmicas de projeto.

Estas futuras versões da Norma Brasileira, a exemplo do que acontece nas normas de outros países, deverão definir requisitos específicos de detalhamento (pode ser consultado, por exemplo, o capítulo 21 da ACI 3185).

Exemplo 4.1: Um edifício com ocupação prevista para escritórios, com estrutura em concreto armado, localizado na cidade de Rio Branco, no Acre, tem três andares com colunas retangulares de seção transversal de 40 cm por 50 cm, dispostas em planta conforme mostrado na Figura E4.1. A altura entre andares é de 4,0 m. A carga permanente, por andar, é avaliada em 6,3 kN/m². O E do concreto é igual a $2,5.10^7$ KPa. Considerar que o solo de fundação seja uma areia, com SPT médio nos 30m superiores do terreno, $\overline{N}$ = 30. Efetuar a análise sísmica considerando o método estático da Norma NBR 15421, na direção y da Figura E4.1.

Solução:

1. Carga permanente por andar:

    Andares 1, 2 e 3: w = 6,3·11,0·5·5,5 = 1905,8kN

    Carga permanente total: W = 3·1905,8 = 5717,4kN

2. Cálculo do período fundamental:

    Usando a Equação 4.7 com h_n = 12 m, C_T = 0,0466 e x = 0,9 (pórtico de concreto):

    $T_a = 0,0466 \cdot 12,0^{0,9} = 0,436$ s

3. Força horizontal total na base:

Localizando-se na Figura 4.2 a cidade de Rio Branco, define-se o valor de $a_g = 0{,}10g$. Este valor corresponde à Zona Sísmica 3, e de acordo com a Tabela 4.6, à Categoria Sísmica C.

Desta forma, a força horizontal total na base da estrutura é dada pela Equação 4.7:

$$H = C_s \cdot W,$$

Neste caso, $W = 5717{,}4\text{kN}$ (peso total da estrutura) e C_s é o coeficiente de resposta sísmica, determinado abaixo.

O fator de importância de utilização $I = 1{,}0$, correspondente a uma ocupação não crítica relativamente ao sismo, é retirado da Tabela 4.5 e o coeficiente de modificação de resposta $R = 3$, correspondente a pórticos de concreto com detalhamento usual, é retirado da Tabela 4.9.

De acordo com a Tabela 4.4, o terreno é enquadrado como de Classe D, Solo Rígido. Da Tabela 4.7 se obtém os parâmetros $C_a = 1{,}6$ e $C_v = 2{,}4$. As grandezas a_{gs0} e a_{gs1}, acelerações espectrais para os períodos de 0,0s e 1,0s, são dadas pelas Equações 4.4 como:

$$a_{gs0} = C_a \cdot a_g = 1{,}6 \cdot 0{,}10 = 0{,}16\, g$$

$$a_{gs1} = C_v \cdot a_g = 2{,}4 \cdot 0{,}10 = 0{,}24\, g$$

C_s é o coeficiente de resposta sísmica é calculado como:

$$C_s = \frac{2{,}5 \cdot (a_{gs0}/g)}{(R/I)} = \frac{2{,}5 \cdot 0{,}16}{(3{,}0/1{,}0)} = 0{,}133$$

C_s não precisa ser maior que:

$$C_s = \frac{(a_{gs1}/g)}{T(R/I)} = \frac{0{,}24}{0{,}436 \cdot (3{,}0/1{,}0)} = 0{,}183$$

Então: $H = C_s \cdot W = 0{,}133 \cdot 5717{,}4 = 760{,}4\text{ kN}$

4. Distribuição vertical da força horizontal total:

A distribuição é feita com o uso das Equações 4.11 e 4.12, sendo os respectivos cálculos resumidos na Tabela E.4.1. Como T = 0,436s, adota-se k = 1,0.

$$F_x = C_{vx} \cdot H \qquad C_{vx} = \frac{w_x \cdot h_x^k}{\sum_{i=1}^{n} w_i h_i^k}$$

Andar	h_x (m)	w_x (kN)	F_x (kN)	H_x (kN)
3	12,0	1905,7	380,2	380,2
2	8,0	1905,7	253,5	633,7
1	4,0	1905,7	126,7	760,4

Tabela E.4.1 – Distribuição vertical da força horizontal total.

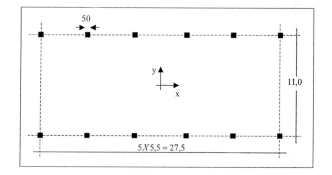

Figura E4.1 – Disposição em planta das colunas.

5. Cálculo dos deslocamentos relativos $\ddot{A}_x$ de pavimento:

Para o cálculo dos deslocamentos relativos de pavimento, adota-se o modelo em que colunas não apresentam deformação axial e são rigidamente engastadas nas vigas e as massas são consideradas concentradas no nível dos andares. Este modelo é conhecido como "shear building" ou muro de cortante. As deformações relativas de um pavimento genérico são dadas por:

$$\Delta_x = \frac{H_x}{K_x}$$

Onde K_x é o somatório das rigidezes do pavimento e H_x a força horizontal total no andar (ver tabela E.4.1). Assim tem-se:

Andares 1,2 e 3: $K_x = 12 \cdot \dfrac{12 \cdot 2,5 \cdot 10^7 \cdot 2,667 \cdot 10^{-3}}{4,0^3} = 1,500 \cdot 10^5 \, kN/m$

A Tabela E.4.2 resume o cálculo dos deslocamentos de andar e deslocamentos totais.

Andar	Rigidez (kN/m)	H_x(kN)	Δ_x(m)	Deslocamento total (m)
3	$1,500 \cdot 10^5$	380,2	$2,533 \cdot 10^{-3}$	$11,82 \cdot 10^{-3}$
2	$1,500 \cdot 10^5$	633,7	$4,222 \cdot 10^{-3}$	$9,289 \cdot 10^{-3}$
1	$1,500 \cdot 10^5$	760,4	$5,067 \cdot 10^{-3}$	$5,067 \cdot 10^{-3}$

Tabela E4.2 – Deslocamentos de andar.

De acordo com a Tabela 4.12, para a Categoria de utilização I, os deslocamentos relativos de pavimento estão limitadas a 0,020 h_{sx}, ou seja, a 0,08 m. Observe-se na Tabela E.4.2 que todos os deslocamentos relativos de pavimento são inferiores a este limite.

6. Cálculo dos momentos de tombamento e de torção:

   Como a estrutura é uniforme, com todas as colunas iguais, o momento de torção é apenas o devido à excentricidade adicional de 0,05 vezes a maior dimensão em planta do andar, de acordo com o item 4.5.2.3, que no presente caso corresponde a 1,375m.

   O momento de torção T_x é igual ao produto da força horizontal F_x, já determinada, vezes a excentricidade.

   O momento de tombamento M_x decorre da aplicação do diagrama de forças cortantes H_x(kN). Observar que, de acordo com o item 4.5.4, para o dimensionamento, estas forças podem ser reduzidas em 25%.

   Para efeito do cálculo dos diafragmas, devem ser aplicadas as forças F_x dadas na Tabela E.4.1. A aplicação da Equação 4.14, obriga à consideração de uma força mínima de 760,4 kN /3 = 253,5 kN a ser considerada para F_x. Este segundo critério prevalecerá, então, no Andar 1.

A Tabela E.4.3 resume os cálculos dos momentos de tombamento e torção.

Andar	F$_x$(kN)	h$_{sx}$(m)	M$_x$(kNum)	H$_x$(kN)	T$_x$(kNm) Momento de torção
3	380,2	4,0	0,0	380,2	522,8
2	253,5	4,0	1520,8	633,7	348,6
1	126,7	4,0	4055,6	760,4	174,2
Base	—	—	7097,2	760,4	—

Tabela E4.3 – Momentos de tombamento e torção.

7. Efeito de segunda ordem:

Como visto no item 4.5.5, o efeito de segunda ordem não necessita ser considerado quando o coeficiente de estabilidade è, determinado pela Equação (4.15), for inferior a 0,10. É adotado, da Tabela 4.9, o coeficiente de amplificação dos deslocamentos $C_d = 2,5$, correspondente a pórticos de concreto com detalhamento usual. A Tabela E.4.4 resume os cálculos. Observando-se a última coluna, verifica-se não ser necessário considerar o efeito de segunda ordem.

Andar	W$_x$(kN)	P$_x$(kN)	Δ_x(m)	H$_x$(kN)	h$_{sx}$(m)	θ(Rad)
3	1905,7	1905,7	2,533 · 10^{-3}	380,2	4,0	0,00127
2	1905,7	3811,4	4,222 · 10^{-3}	633,7	4,0	0,00254
1	1905,7	5717,1	5,067 · 10^{-3}	760,4	4,0	0,00381

Tabela E4.4 – Efeito de segunda ordem.

Exemplo 4.2: Neste exemplo, a estrutura do Exemplo 4.1 é analisada, utilizando-se o método dinâmico por espectro de resposta. O cálculo é feito de forma automática utilizando-se o SALT-Sistema de Análise de Estruturas. Neste Sistema, a análise sísmica é feita em duas etapas. Na primeira, são calculadas as freqüências e os modos de vibração, e na segunda os efeitos do sismo são determinados, com utilização dos modos calculados na primeira etapa. A estrutura foi modelada como um pórtico plano. O sismo é estudado apenas segundo uma direção, sendo permitido apenas deslocamento de translação na direção do próprio sismo (direção X do modelo computacional) ao nível dos andares, o que resulta em um modelo apenas três graus de liberdade. Em seqüência apresenta-se o arquivo de geometria, o qual foi gerado de forma automatizada com o uso da Galeria de Modelos, recurso de geração gráfica do Sistema SALT.

```
pórtico plano arquivo criado com a Galeria de Modelos versão 9.07
coordenadas dos nós
   1  0.0000   0.0000
   2  0.0000   4.0000
   3  0.0000   8.0000
   4  0.0000  12.0000
0
condições de contorno
   1 111  0.000000E+0000  0.000000E+0000  0.000000E+0000
   2 011  0.000000E+0000  0.000000E+0000  0.000000E+0000
   3 011  0.000000E+0000  0.000000E+0000  0.000000E+0000
   4 011  0.000000E+0000  0.000000E+0000  0.000000E+0000
0
tipos de material
   1  2.500E+0007 0.200  1.000E-0005     0.000
0
tipos de seção
1   2.400E+0000   0.000E+0000   3.200E-0002   1.600E-0001
0
propriedades dos elementos
   1  1  2  1  1
   2  2  3  1  1
   3  3  4  1  1
0
massas nodais
   2 mx 194.27
   3 mx 194.27
   4 mx 194.27
0
```

Na Figura E4.2 é mostrado graficamente o espectro de projeto utilizado, de acordo com a Norma NBR 15421.

Aplicações da Dinâmica à Engenharia Sísmica ☐ 165

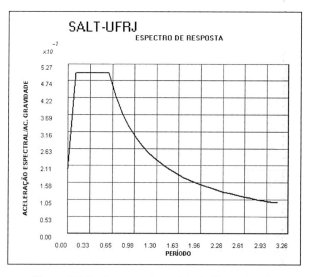

Figura E4.2 – Espectro de projeto do Exemplo 4.2.

As freqüências fornecidas pelo programa são:

modo	freqüência (rad/seg)	freqüência (Hertz)	período (seg)
1	12.3664	1.9682	0.5081
2	34.6499	5.5147	0.1813
3	50.0702	7.9689	0.1255

Comparando-se a primeira freqüência calculada pelo programa com a freqüência calculada no Exemplo 4.1, verifica-se que estas estão muito próximas, e a pequena diferença encontrada é explicada pelo fato da expressão lá utilizada ser aproximada.

A segunda etapa da análise é feita com o módulo de Resposta Dinâmica, onde também é(são) definido(s) o(s) espectro(s) de projeto. Dentre outras informações apresentadas no relatório de análise, a que se refere às massas efetivas merece atenção, veja item 4.4.3.1, para indicar se o número de modos adotado na solução é adequado. A seguir mostra-se a parte do relatório com esta informação.

166 ☐ Análise Dinâmica das Estruturas

```
                    M A S S A S      E F E T I V A S

              INDIVIDUAL  (%)                  ACUMULADO (%)
MODO  DIREÇÃO X  DIREÇÃO Y  DIREÇÃO Z  DIREÇÃO X  DIREÇÃO Y  DIREÇÃO Z
  1     91.4       0.0        0.0       91.4       0.0        0.0
  2      7.5       0.0        0.0       98.9       0.0        0.0
  3      1.2       0.0        0.0      100.0       0.0        0.0
```

Verifica-se pelo relatório que a consideração do primeiro modo já cobriria a exigência de que 90% de que a massa total seja capturada pelos modos utilizados no cálculo.

Com a finalidade de comparação, com o obtido no Exemplo 4.1, apresenta-se em seqüência parte do relatório de análise do SALT com a força na base. As diferenças observadas estão dentro do esperado e, se devem essencialmente as aproximações envolvidas no método das forças estáticas equivalentes.

```
            F O R Ç A    N A   B A S E

SIST    FORÇA    FORÇA    FORÇA    MOMENTO   MOMENTO   MOMENTO
          X        Y        Z         X         Y         Z

GLOB    698.51    0.00                                  6259.38
```

Este resultado indica o conservadorismo do método das forças estáticas equivalentes com relação ao método espectral, tendo em vista que o primeiro considera que toda a resposta da estrutura é devida ao primeiro modo de vibração.

Como definido no item 4.4.3.1.2, deve ser feita uma verificação das forças obtidas pelo processo espectral, por comparação com as mesmas forças obtidas pelo método das forças estáticas equivalentes. Neste exemplo, a relação entre a força horizontal total na base H_t, determinada pelo processo espectral (igual a 698,51 kN), em relação à força H_t, obtida pelo método estático (igual a 760,4 kN) é igual a 0,918, superior a 0,85, não sendo portanto necessária nenhuma correção nos resultados obtidos.

Simbologia

a_g: aceleração característica de projeto, correspondente à aceleração sísmica horizontal característica normalizada em relação aos terrenos da Classe B (rocha).
a_{gl}: aceleração horizontal considerada para a verificação da fixação de paredes de concreto ou de alvenaria.
a_{gs0}: aceleração espectral para o período de 0,0s, já considerado o efeito da amplificação sísmica no solo.
a_{gs1}: aceleração espectral para o período de 1,0s, já considerado o efeito da amplificação sísmica no solo.
A_x: fator de amplificação torsional.
C_a: fator de amplificação sísmica no solo, para o período de 0,0s.
C_d: coeficiente de amplificação de deslocamentos.
C_s: coeficiente de resposta sísmica.
C_T: coeficiente de período da estrutura.
C_v: fator de amplificação sísmica no solo, para o período de 1,0s.
C_{up}: coeficiente de limitação do período.
C_{vx}: coeficiente de distribuição vertical.
E_h: efeitos do sismo horizontal.
E_{mh}: efeitos do sismo horizontal incluindo a sobre-resistência.
E_v: efeitos do sismo vertical.
F_p: força sísmica horizontal aplicada a um componente não estrutural.
F_{px}: força mínima horizontal a ser aplicada ao diafragma na elevação **x**.
G: efeitos das cargas gravitacionais.

g: aceleração da gravidade.
h_i ou h_x: altura entre a base e as elevações **i** ou **x**.
H: força horizontal total sísmica na base da estrutura.
H_t: força horizontal total sísmica na base da estrutura, determinada pelo método espectral ou por análise com históricos de acelerações no tempo.
H_x: força cortante sísmica atuante no pavimento **x**.
I: fator de importância de utilização.
k: expoente de distribuição, relacionado ao período natural da estrutura.
M_t: momento de torção inerente nos pisos, causado pela excentricidade dos centros de massa com relação aos centros de rigidez.
M_{ta}: momento torsional acidental nos pisos.
N: número de golpes obtido no ensaio SPT.
$\overline{N}$: média nos 30 m superiores do terreno, do número de golpes obtido no ensaio SPT.
P_x: força vertical em serviço atuando no pavimento x.
R: coeficiente de modificação de resposta.
S_a: aceleração horizontal espectral, definida através de espectro de resposta de projeto $S_a(T)$, função do período natural T e para uma fração de amortecimento crítico igual a 5%.
T: período natural fundamental de uma estrutura.
T_a: período natural aproximado da estrutura.
v_s: velocidade de propagação de ondas de cisalhamento no terreno.
$\overline{v_s}$: média nos 30m superiores do terreno, da velocidade de propagação de ondas de cisalhamento.
W: peso total de uma estrutura.
w_i ou w_x: parte do peso efetivo total que corresponde às elevações **i** ou **x**.
Δ_x: deslocamento relativo de pavimento na elevação **x**.
δ_x: deslocamento absoluto horizontal na elevação **x**, conforme 9.5.
γ_{exc}: coeficiente de ponderação de cargas, aplicado a ações excepcionais.
γ_g: coeficiente de ponderação de cargas, aplicado a ações permanentes.
γ_q: coeficiente de ponderação de cargas, aplicado a ações variáveis.
γ_ε: coeficiente de ponderação de cargas, aplicado a efeitos de recalques de apoio e da retração dos materiais.
θ: coeficiente de estabilidade da estrutura para os efeitos de segunda ordem.
Ω_0: coeficiente de sobre-resistência, conforme 8.4.

Bibliografia

American Concrete Institute (ACI) Committee 318, *ACI 318-05, Building Code Requirements for Structural Concrete,* ACI, 2005.

American Society of Civil Engineers (ASCE), *ASCE 7-05, Minimum Design Loads for Buildings and Other Structures,* ASCE, 2005.

Bachmann, H., Ammann, W, *Vibration in Structures Induced by Man and Machines,* International Association for Bridges and Structural Engineering IABSE, 1987.

Bachmann, H. et al., *Vibration Problems in Structures Practical Guidelines,* Birkhäuser Verlag, 1995.

Bolt, B. A., *Earthquakes,* Fifth Edition, W.H. Freeman and Company, 2004.

Bozorgnia, Y, Bertero, V. (editors), *Earthquake Engineering: from Engineering Seismology to Performance-Based Engineering,* CRC Press, 2004.

Chen, W-F, Scawthorn, C. (editors), *Earthquake Engineering Handbook,* CRC Press, 2003.

Chopra, A. K., *Structural Dynamics Theory and Applications to Earthquake Engineering,* Chapman & Hall, 1997.

Chopra, A. K., *Earthquake Dynamics of Structures – A Primer,* Second Edition, Earthquake Engineering Research Institute (EERI), 2005.

Clough, R. W. e Penzien, J., *Dynamics of Structures,* Second Edition, McGraw-Hill, Inc, 1993.

Cook, R. D., Malkus, D. S. e Plesha, M. E., *Concepts and Applications of Finite Element Analysis,* John Wiley & Sons, 1989.

Cook, R. D., *Finite Element Modeling for Stress Analysis*, John Wiley & Sons, 1995.

Der Kiureghian, A., *A Response Spectrum Method for Random Vibration Analysis of MDF System*, Earthquake Engineering and Structural Dynamics, nº 9, pp. 419-415, 1981.

Fuentes, A, *Bâtiments en Zone Sismique*, Presses de L'Ecole Nationale des Ponts et Chaussées, 1998.

International Code Council (ICC), *International Building Code 2003*, published in cooperation by BOCA, ICBO and SBCCI, 2003.

Krishna, J. e Chandrasekarn, A. R., *Elements of Earthquake Engineering*, Sarita Prakashan, 1976.

Levy, S., Wilkinson, J. P. D., *The Component Element Method in Dynamics*, McGraw-Hill Book Company, 1976.

Mc Guire, R. K., *Seismic Hazard and Risk Analysis*, Earthquake Engineering Research Institute (EERI), 2004.

Major, A., *Dynamics in Civil Engineering*, Akadémai Kiadó, Budapest, 1980.

Meirovith, L., *Elements of Vibration Analysis*, McGraw-Hill International Editions, 1986.

Newmark, N. M. e Rosenblueh, E., *Fundamentals of Earthquake Engineering*, Prentice-Hall, 1971.

Paz, M., *Structural Dynamics Theory and Computation*, Chapman & Hall, 1997.

Prizeminieck, J. S, *Theory of Matrix Structural Analysis*, McGraw-Hill Company, 1968.

Rao, S. S., *Mechanical Vibrations*, Addison-Wesley Publishing Company, 1995.

Ravara, A., *Dinâmica de Estruturas*, LNEC – Laboratório Nacional de Engenharia Civil, Lisboa, Portugal, 1968.

Santos, S. H. C e Souza Lima, S., *Estudo da Zonificação Sísmica Brasileira Integrada em um Contexto Sul-Americano*, XVIII Jornadas Argentinas de Ingeniería Estructural, Buenos Aires, Argentina, 2004.

Santos, S. H. C e Souza Lima, S., *Automatização da Análise Sísmica de Estruturas de Concreto no Brasil*, 47º Congresso Brasileiro do Concreto – IBRACON, Olinda, Brasil, 2005.

Santos, S. H. C e Souza Lima, S., *Subsídios para uma Futura Normalização Brasileira para Resistência Anti-Sísmica das Estruturas de Concreto de Edifícios*, Revista IBRACON de Estruturas, vol.1, n⁰ 1, 2005.

Souza Lima, S. e Santos, S. H. C., *Consideração das Forças Sísmicas em Projetos de Pontes para o Brasil,* Congresso de Pontes e Estruturas, Associação Brasileira de Pontes e Estruturas, Rio de Janeiro, Brasil, 2005.

SALT-Sistema de Análise de Estruturas, Manual do Usuário, Escola Politécnica da UFRJ, 2005.

Tedesco, J. W., McDougal, W. G., Ross, C. A., *Structural Dynamics Theory and Applications*, Addison-Wesley, 1999.

Timoshenko S. P., Young, D. H., Weaver Jr., William, *Vibration Problems in Engineering*, John Wiley & Sons, 1974.

Vaz, M.Q. N. B., *Análise Comparativa Entre a Influência do Vento e Influência do Sismo na Análise e Dimensionamento de Uma Estrutura de Edifício Para as Condições de Portugal*, Trabalho Final de Curso de Graduação, Escola Politécnica da Universidade Federal do Rio de Janeiro, 2005.

Venâncio Filho, F., *Análise Matricial de Estruturas*, Almeida Neves Editores, Rio de Janeiro, 1975.

Normas da Associação Brasileira de Normas Técnicas (ABNT)

ABNT NBR 6118:2003 – Projeto de estruturas de concreto – Procedimento

ABNT NBR 6122:1996 – Projeto e execução de fundações

ABNT NBR 6484:2001 – Solo – Sondagens de simples reconhecimento com SPT – Método de ensaio

ABNT NBR 8681:2003 – Ações e segurança nas estruturas – Procedimento

ABNT NBR 8800:1986 – Projeto e execução de estruturas de aço de edifícios (método dos estados limites)

ABNT NBR 15421:2006 – Projeto de estruturas resistentes a sismos – Procedimento

ANOTAÇÕES

Impressão e acabamento
Gráfica da Editora Ciência Moderna Ltda.
Tel: (21) 2201-6662